जैविक खेती

फसल, मृदा, मानव एवं पर्यावरण स्वास्थ्य

जैविक खेती

फसल, मृदा, मानव एवं पर्यावरण स्वास्थ्य

संकलनः

डॉ. बी.एस. मीणा

सहायक प्राध्यापक (सस्य विज्ञान)

डॉ. सी.बी. मीणा

सहायक प्राध्यापक (पादप रोग विज्ञान)

महर्षि पराशर कृषि शोधपीठ

कृषि अनुसंधान केन्द्र, उम्मेदगंज, कोटा

(कृषि विश्वविद्यालय, कोटा) राजस्थान–324001

सतीश सीरियल पब्लिशिंग हाउस

403, एक्सप्रेस टॉवर, वाणिज्यिक परिसर, आजादपुर, नई दिल्ली–110033

दूरभाषः 011–27672852 फेक्सः 91–11–27672046

ईमेलः info@satishserial.com, hkjain1975@yahoo.com

वैबसाईटः www.satishserial.com

Published by :

SATISH SERIAL PUBLISHING HOUSE

403, Express Tower, Commercial Complex, Azadpur, Delhi-110033 (INDIA)
Phone : 011-27672852 Fax : 91-11-27672046
E-mail : info@satishserial.com, hkjain1975@yahoo.com

ISBN 978-93-88020-09-1

Composed, Designed & Printed in India

प्रस्तावना

हरित क्रान्ति की वजह, वैज्ञानिक की नई कृषि तकनीक एवं किसानों की मेहनत से देश ने खाद्यान्न उत्पादन में आत्मनिर्भरता प्राप्त की है। रासायनिक उर्वरकों के प्रयोग से पूर्व पौधों के पोषक का मुख्य स्रोत गोबर की खाद, गौमूत्र, कम्पोस्ट व हरी खादें आदि जैविक पदार्थ ही थे। आधुनिक खेती में अधिक अन्न उत्पादन के लक्ष्य को प्राप्त करने के लिए अधिक रासायनिक उर्वरकों व कीटनाशकों का प्रयोग अमल में लाया जा रहा है जिससे प्रारम्भिक वर्षो में उत्पादन में वृद्धि होती है। धीरे– धीरे भूमि की उर्वराशक्ति कम होती है और जिसका प्रभाव उत्पादन पर भी पड़ता है। दूसरी और रासायनिक उर्वरकों के लगातार प्रयोग से मिट्टी की उर्वरा शक्ति क्षीण होती जा रही है और कीटनाशकों के बढ़ते प्रयोग से पर्यावरण व जल भी प्रदूषित होता जा रहा है। इसके अतिरिक्त अन्न, शाक–सब्जियां व फल स्वाद रहित व पोषक तत्वों से विहीन हो रहे हैं।

सृष्टि का नियम है– परिवर्तन। अतः कल जो हमारी आवश्यकता थी वह आज भी हो ऐसा आवश्यक नहीं है, उसे आज बदलना होगा। आज की आवश्यकता है– जैविक खेती या टिकाऊ खेती जिसके द्वारा कृषक अपनी फसल को रासायनिक उर्वरकों और विषैले कीटनाशकों के प्रयोग के बिना ही पैदा कर सकते हैं और भूमि की उर्वराशक्ति भी अक्षुण्ण रख सकते हैं। देश में साधारण किसानों के लिये इस विषय पर न तो कोई पुस्तक और न ही कोई अन्य ज्ञान का साधन उपलब्ध है। जैविक खेती सम्बंधी नवीन तकनीक की जानकारी केवल लघु बुलेटिनों एवं आलेखों के द्वारा ही प्राप्त है। इस पुस्तक में जैविक खेती से संबंधित अधिक से अधिक जानकारी उपलब्ध कराने का भरपूर प्रयास किया है। पुस्तक में यथासम्भव सरल हिन्दी के साथ–साथ अपने निजी अनुभवें का उपयोग (समावेश) किया गया है, परन्तु साथ ही विषय–सामग्री में वैज्ञानिक दृष्टिकोण को भी बनाये रखने का पूरा ध्यान रखा गया है। मातृभाषा हिन्दी में पुस्तक लिखने का यह हमारा प्रथम प्रयास है, अतः भाषा सम्बंधी व कमियां स्वाभाविक हैं, आशा है पाठकगण इमें क्षमा करेंगे तथा साथ ही कमियों को दूर करने के लिये उपयुक्त सुझाव देकर अनुग्रहित करेंगे।

इस पुस्तक के लेखन हेतु उपयुक्त सामग्री उपलब्ध कराने में अनेक वैज्ञानिकों, संस्थानों, राष्ट्रीय जैविक खेती परियोजना केन्द्र, गाजियाबाद, कृषि विभाग, राजस्थान, महाराणा प्रताप कृषि एवं प्रौद्योगिकी विश्वविद्यालय, उदयपुर एवं कृषि विश्वविद्यालय, कोटा

आदि का भरपूर सहयोग मिला है। इसके लिए हम उनके आभारी हैं। आशा है यह पुस्तक कृषि प्रसार कार्यकर्ताओं, कृषि अनुसंधानकर्ताओं, कृषि अध्यापकों, विद्यार्थियों एवं किसान बंधुओं के लिए विभिन्न रूपों में उपयोगी सिद्ध होगी। यदि ऐसा हुआ, तो हम अपनी मेहनत को सफल मानेंगे।

हमारा प्रयत्न कर्म तक सीमित था। कर्मफल पर हमारा अधिकार नही है।
गीता के इस सूत्र में हमारी पूर्ण श्रद्धा हैः।। कर्मण्येवाधिकारस्ते, मा फलेषु कदाचन्।।

लेखकगण

लेखक का परिचय

डॉ. भवानी शंकर मीणा, 25 मई, 1970 में गाँव खजूरना खुर्द, जिला बारां, राजस्थान में कृषक परिवार में जन्मे डॉ. मीणा ने सन् 2003 में महाराणा प्रताप कृषि एवं प्रौद्योगिकी विश्वविद्यालय, उदयपुर से विद्या वाचस्पति की उपाधि, ICAR, SRF, अवार्ड के साथ प्राप्त की। विगत एक दशक से अधिक समय से आपने मृदा उर्वरता एवं फसल उत्पादन के क्षेत्र में विशेष कृषि अनुसंधान में महत्वपूर्ण योगदान दिया है। आपको कृषि क्षेत्र में उत्कृष्ट कार्य के लिए 3 बार विश्वविद्यालय व एक बार जिला स्तर पर सम्मानित किया गया है। डॉ. मीणा का मुख्य कार्यक्षेत्र कृषि विश्वविद्यालय के कृषि विज्ञान केन्द्र, बून्दी, कोटा एवं कृषि अनुसंधान केन्द्र, कोटा पर तकनीकी विस्तार एवं फसलों पर शोध रहा है। आप अखिल भारतीय समन्वित गन्ना एवं सरसों–राई सुधार परियोजना, जैविक खेती–राष्ट्रीय कृषि विकास योजना एवं महर्षि पराशर कृषि शोधपीठ के प्रभारी रहे, बल्कि उच्चकोटि का अनुसंधान में भी महत्वपूर्ण योगदान दिया है। विगत एक दशक से अधिक समय से आपने विभिन्न केन्द्रों पर फार्म प्रभारी के रूप में विभिन्न फसलों का उन्नत किस्मों के गुणवत्ता बीज तैयार करवाने में महत्वपूर्ण योगदान दे रहे हैं। डॉ. मीणा ने विभिन्न फसलों पर विशेष रूप से शोध कार्य कर लगभग 40 शोधपत्र, 47 तकनीकी आलेख, 23 एब्सट्रेक्ट, 22 तकनीकी बुलेटिन व फोल्डर, 6 सफलता की कहानी, 1 प्रशिक्षण पुस्तिका तैयार कर विद्यार्थियों, शोधकर्ताओं तथा किसानों के लिए बहुउपयोगी सामग्री प्रकाशित की। इस समय डॉ. मीणा अखिल भारतीय राई–सरसों सुधार परियोजना, कृषि अनुसंधान केन्द्र, उम्मेदगंज, कोटा में सस्य वैज्ञानिक के पद पर कार्यरत हैं।

डॉ. चतुर्भुज मीणा ने स्नातकोत्तर कृषि विश्वविद्यालय, बीकानेर से विद्या वाचस्पति पादप रोग विज्ञान में भारतीय कृषि अनुसंधान संस्थान, नई दिल्ली से पूर्ण करने के बाद महाराणा प्रताप कृषि एवं प्रौद्योगिकी विश्वविद्यालय में 2005 में सहायक प्राध्यापक के पद पर नियुक्ति हुई। डॉ. मीणा वर्तमान में कृषि विश्वविद्यालय, कोटा में कार्यरत हैं। डॉ. मीणा ने अब तक 3 पुस्तक पाठ, 15 से अधिक शोध प्रपत्र राष्ट्रीय व अन्तर्राष्ट्रीय स्तर के जर्नल में प्रकाशित हुए व 10 से ज्यादा आलेख, 5 प्रसार बुलेटिन किसानों के लिए बहुउपयोगी सामग्री प्रकाशित की। वर्तमान में यह अध्यापन, शोध कार्य में सक्रिय रूप से भागीदारी है।

विषय–सूची

अध्याय 1

जैविक खेती की आवश्यकता

हमारे देश ने हरित क्रान्ति की वजह, वैज्ञानिकों की नई कृषि तकनीक एवं किसानों की मेहनत से अन्न उत्पादन में आत्मनिर्भरता प्राप्त की है। परन्तु अब कृषि उत्पादन स्थिर सा हो गया है। आधुनिक खेती में अधिक अन्न उत्पादन के लक्ष्य को प्राप्त करने के लिए अंधाधुंध रासायनिक उर्वरकों व कीटनाशक दवाओं के प्रयोग से भूमि की विषाक्तता एवं पर्यावरण के प्रदूषित होने का खतरा भी काफी बढ़ रहा है। आने वाले दशकों में बढ़ती हुई आबादी के लिए टिकाऊ रूप से खाद्य उपलब्ध कराने के लिए एवं पर्यावरण को सुरक्षित बनाए रखने के लिए कृषि के पुराने स्वरूपों, जैसे जैविक खेती अथवा प्राकृतिक खेती को अपनाने की आवश्यकता महसूस की जा रही है। जैविक खेती का उद्देश्य रसायनों का कम से कम प्रयोग करके उत्पादकता को बढ़ाना तथा साथ में स्रोतों को सुरक्षित करके रखना भी है, जिससे पर्यावरण संतुलन बना रहे तथा भूमि की उर्वरा शक्ति बढ़े। यह पद्धति किसी फसल विशेष का ही पोषण नहीं करती, बल्कि मृदा का भी पोषण करती है जिसकी उपज मानव एवं पशु–प्राणियों दोनों का ही पोषण करती है। जैविक खेती का मुख्य घटक जैविक खादें हैं जो कि वर्तमान में रासायनिक खादों का बेहतर विकल्प हैं। हमारे देश में प्रति वर्ष 340 मिलियन टन कृषि अपशिष्ट विभिन्न स्त्रोतों से उत्पन्न होते हैं लेकिन अधिकांश किसान इन फसल अवशेषों को जलाकर नष्ट कर देते हैं। इन फसल अवशेषों को विभिन्न प्रकार की खाद बनाने में उपयोग किया जा सकता है जो फसलोत्पादन में वृद्धि के साथ –साथ मृदा उर्वरता तथा उत्पादकता को बनाये रखने एवं गुणवत्ता उत्पाद की आपूर्ति में सहायक है। इस प्रकार जैविक खादें बनाकर कृषि अपशिष्ट को नष्ट होने से बचाया जा सकता है एवं ग्रामीण क्षेत्र के शिक्षित बेरोजगार युवक के लिए स्वरोजगार का बेहतर विकल्प सृजित किया जा सकता है।

सत्तर के दशक में हरित क्रांति की शुरुआत हुई, तब एक ही उद्देश्य सामने था– खाद्यान्न की वृद्धि, लेकिन इसके दुष्प्रभाव के रूप में सामने आई रासायनिक ढांचे में ढली कृषि। कृषि उत्पादकता बढ़ाने के दौर में परम्परागत तरीकों को पीछे छोड़ रासायनिक खाद और कीटनाशकों का अनियंत्रित उपयोग होने लगा, जिसका परिणाम भूमि की अनुर्वरता, पर्यावरण और स्वास्थ्य पर खतरा, उत्पादन लागत में बेहिसाब वृद्धि तथा अन्नदाताओं की आत्महत्या के रूप में मिला। जो भूमि हजारों वर्षों से उर्वर थी वह मात्र पचास वर्षों में अनुर्वर हो गयी तथा जहरीला अन्न उगलने लगी। यह एक विचारणीय बिन्दु है कि मृदा की

गुणवत्ता का विनाश एवं खाद्यान्न की बढ़ती समस्याओं के कारण भारत देश एक बड़ी दुविधा में फंस गया है। जहाँ एक तरफ रेशा, खाद्यान्न एवं चारे की बढ़ती हुई माँग की पूर्ति करना है वहीं दूसरी तरफ मृदा को अवांछित प्रभाव से बचाना जरूरी है। ऐसी विचित्र परिस्थितियों में फिर रसायन रहित खेती अर्थात कार्बनिक खेती की ओर जाना पड़ेगा जो कृषि सतत्शीलता के लिए जरूरी है।

जैविक खेती जरूरी क्यों है? भारत में कृषि उत्पादन तकनीक के सफल प्रचार–प्रसार व अनुप्रयोग के कारण जहाँ अपनी बढ़ती हुई जनसंख्या को भरपेट भोजन देने में सक्षम हुआ वहीं कृषि उत्पादों को निर्यात करने की स्थिति में भी है। देश कृषि तकनीक में अभी उतना पारंगत नहीं हुआ है। लगातार बढ़ती जनसंख्या के लिए खाद्यान्नों की आपूर्ति हेतु फसलों की पैदावार बढ़ाने के लिए आज कृषि रसायनों, कीटनाशकों एवं उर्वरकों का बड़े पैमाने पर उपयोग किया जा रहा है। इस प्रकार रासायनिक उर्वरकों के बेतहाशा प्रयोग से गम्भीर दुष्परिणाम सामने आ रहे हैं। इनके उपयोग से जमीन और जन दोनों का स्वास्थ्य बिगड़ गया है। मृदा की उत्पादकता ही नहीं घट रही है, बल्कि वह बंजर भी होती जा रही है। पूरे एशिया में 40 प्रतिशत कृषिभूमि की गुणवत्ता में गम्भीर रूप से गिरावट आई है। जबकि 11 प्रतिशत कृषिभूमि पूरी तरह से बंजर हो चुकी है। सब्जी और फलों को उगाने, पकानें तथा कीटों से सुरक्षा के लिए जिन रसायनों का उपयोग किया जा रहा है, वे इतने घातक हैं कि कृषि उत्पादों से प्राकृतिक स्वाद ही गायब हो चुका है। लगातार रसायनों के उपयोग के कारण कीटाणुओं व जीवाणुओं में कीटनाशकों के प्रति रोग–प्रतिरोधी क्षमता पैदा होती जा रही है, लाभदायी कीटों का विनाश हुआ है जिससे जैव विविधता पर खतरा पैदा हो गया है। देश के कई भागों, जैसे कि पंजाब व हरियाणा इत्यादि में मृदा इतनी खराब हो चुकी है कि बिना रसायनों के प्रयोग से अब भूमि से उत्पादन लेना भी मुश्किल होता जा रहा है तथा पैदावार भी पहले से कम होती जा रही है। अगर समय रहते कार्बनिक खेती की ओर रूख नहीं किया गया तो स्थिति काफी खराब हो सकती है। इसलिए जमीन और उत्पादों की गुणवत्ता, प्राकृतिक संसाधन एवं पर्यावरण संरक्षण, मानव स्वास्थ्य, स्थिर एवं टिकाऊ कृषि उत्पादन के लिए कार्बनिक खेती के तरीकों को अपनाने की आवश्यकता है।

❑❑❑

अध्याय 2

जलवायु परिवर्तन, पर्यावरण सुरक्षा एवं मृदा उर्वरता में जैविक खेती का योगदान

कृषि वह विधि है, जिसमें संश्लेषित उर्वरकों, संश्लेषित पीड़कनाशियों (कीटनाशी, कवकनाशी, जीवाणुनाशी, शाकनाशी) और कृत्रिम वृद्धि नियानकों का प्रयोग सर्वथा वर्जित रहता है। साथ ही ट्रांसजैनिक (पराजीनी) फसलों अथवा उनकी किस्मों का प्रयोग करने की भी मनाही होती है। बाहरी निवेशों का न्यूनतम प्रयोग एवं फार्म पर उत्पादित निवेशों का अधिकतम प्रयोग किया जाता है तथा भूमि की उर्वरा शक्ति को बनाए रखने अथवा उसकी वृद्धि पर बल दिया जाता है। इसके लिए फसल चक्र, हरी खाद, कम्पोस्ट आदि के प्रयोग पर बल दिया जाता है। जैविक खेती से फसल उत्पादकता, मानव, मृदा और पर्यावरण स्वास्थ्य में वृद्धि एवं टिकाऊपन आता है। अंतर्राष्ट्रीय जैविक कृषि गतिविधि संघ (आई.एफ.ओ.ए.एम.) ने जैविक खेती को निम्न प्रकार से परिभाषित किया है। जैविक कृषि एक उत्पादन प्रणाली है, जो कि मृदा, पारिस्थितिकी परितंत्रों और लोगों के स्वास्थ्य को बनाए रखती है। यह प्रतिकूल प्रभावों वाले आदानों के उपयोग की बजाय पारिस्थितिक प्रक्रियाओं, जैव विविधता और स्थानीय परिस्थितियों के अनुकूलित चक्र पर निर्भर करती है। जैविक कृषि, साझा पर्यावरण को लाभान्वित करने के लिए परंपरा नवाचार और विज्ञान को जोड़ती है और इसमें शामिल सभी के लिए निष्पक्ष संबंधों और एक अच्छी गुणवत्ता वाले जीवन को बढ़ावा देती है।

जैविक खेती क्या है ? जैविक खेती का अभिप्राय कृषि की उस पद्धति से है जिसमें रासायनिक उर्वरकों, कीटनाशकों, शाकनाशियों एवं वृद्धि नियन्त्रकों के उपयोग से परहेज रखते हुए जीवांश के उपयोग पर विशेष जोर दिया जाता है। जैविक खेती में जमीन की उर्वरा शक्ति एवं पर्यावरण को सुरक्षित रखने के सभी तत्व मौजूद रहते हैं। इसमें रासायनिक खाद एवं कीटनाशकों के स्थान पर पशु अपशिष्ट से निर्मित कम्पोस्ट खाद, हरी खाद, गोबर की खाद, ब्लूग्रीन एल्गी और ऐजोटोबेक्टर जैसे सूक्ष्म जीवों का उपयोग, फसल चक्र, मित्र कीट, करंज, नीम एवं गौमूत्र आदि से निर्मित कीट नियन्त्रक, खेतों में उत्पन्न अपशिष्ट घास इत्यादि का उपयोग किया जाता है। अतः जैविक खेती भूमि, जल तथा वायु को प्रदूषित किए बिना दीर्घकालीन, स्थिर व टिकाऊ उत्पादन करने में महत्वपूर्ण सहायक होती है। जैविक खेती कृषि की वह पद्धति है, जिसमें पर्यावरण को स्वच्छ व प्राकृतिक संतुलन को

कायम रखते हुये भूमि की सजीवता, जल की गुणवत्ता, जैव विविधता आदि को बनाये रखते हुये व पर्यावरण एवं वायु को प्रदूषित किए बिना, दीर्घकालीन व स्थिर उत्पादन प्राप्त किया जा सकता है।

प्रकृति द्वारा मानव को दिए गए प्राकृतिक संसाधन, जैसे भूमि, जल, वायु, वन और वन्य जीव आदि सभी सीमित हैं। विभिन्न मानव सभ्यताओं के विकास में उपरोक्त प्राकृतिक संसाधनों का विशेष योगदान रहा है। इन संसाधनों के समुचित उपयोग से मानव सभ्यताएं विकसित होती रही हैं और इनके दुरुपयोग से नष्ट भी हुई हैं। वर्तमान में विश्व के कुछ देशों, जैसे चीन और भारत आदि में मानव और पशु जनसंख्या तेजी से बढ़ी है, जिसके कारण मानव आवश्यकताओं को पूरा करने के लिए प्राकृतिक संसाधनों का अत्यधिक दोहन किया जा रहा है। प्राकृतिक संसाधनों के कृषि एवं अन्य क्षेत्रों में अत्यधिक दोहन से अनेक समस्याओं का जन्म हुआ है। कुछ क्षेत्रों/दशाओं में कृषि उत्पादन के अन्तर्गत रासायनिक पीड़कनाशियों का अविवेकपूर्ण एवं अंधाधुंध प्रयोग किया जा रहा है, जिसके अनेक दुष्परिणाम सामने आये हैं। जल, वायु, मृदा और यहाँ तक कि विभिन्न खाद्य पदार्थ भी दूषित हो चुके हैं। मृदा, जल, वायु की गुणवत्ता में काफी गिरावट आ चुकी है, जिससे वर्तमान कृषि उत्पादन की सततता को बनाये रखना अत्यधिक कठिन प्रतीत होता जा रहा है।

रासायनिक खेती से उत्पादित बहुत से खाद्य पदार्थों में पीड़कनाशियों एवं अन्य जहरीले रसायनों के अवशेष पाये जा रहे हैं। कई बार तो इन अवशेषों का स्तर खाद्य पदार्थों में अनुमत्त सीमा से भी कई गुना अधिक होता है। इस तरह के खाद्य पदार्थों का लगातार उपभोग करने से जानवरों एवं मानव में कई प्रकार के असाध्य रोग आ जाते हैं।

जलवायु परिवर्तन इन दिनों चिंता का एक महत्वपूर्ण विषय बना हुआ है। जलवायु में होने वाले परिवर्तनों के कारण मानव की जीविका एवं उत्तरजीविका पर कुप्रभाव पड़ सकता है। हाल ही में भारत एवं इंग्लैंड के वैज्ञानिकों के एक संयुक्त अध्ययन से पता चला कि सिंधु घाटी सभ्यता (2600–1900 बी.सी.) का अंत मुख्य रूप से जलवायु परिवर्तनों के कारण हुआ था। वर्तमान में विश्व के अनेक देशों में असमय बाढ़, अकाल एवं समुद्र के जलस्तर में वृद्धि आदि जलवायु परिवर्तन के प्रमुख द्योतक हैं। जलवायु परिवर्तन कृषि के लिए भविष्य में बाढ़ और सूखे की बारंबारता बढ़ने का अनुमान है। इन जलवायु परिवर्तनों के कारण फसल उत्पादन एवं उत्पादकता पर प्रतिकूल प्रभाव पड़ने की अधिक संभावना है। अतः फसल प्रबंधन में भी परिवर्तन लाने की आवश्यकता है। इस दिशा में जैविक खेती एक महत्वपूर्ण भूमिका निभा सकती है।

जैविक खेती के सिद्धांत

आई.एफ.ओ.एम. (इंटरनेशनल फैडरेशन ऑफ आर्गेनिक एग्रीकल्चर मूवमेंट्स) अथवा अंतर्राष्ट्रीय जैविक कृषि गतिविधि संघ के अनुसार जैविक खेती के चार सिद्धांत हैं:

- **स्वास्थ्य का सिद्धांतः** मृदा, पादप (फसल), पशु और मानव स्वास्थ्य को लगातार बनाए रखना एवं साथ ही उसमें वृद्धि करना। यदि मृदा का स्वास्थ्य अच्छा होगा तभी उसमें उगने वाली फसलों का स्वास्थ्य भी अच्छा होगा। इसी प्रकार यदि पशु अथवा मानव इन स्वस्थ पादपों का सेवन करेंगे तो उनका स्वास्थ्य भी अच्छा होगा।

- **पारिस्थितिक का सिद्धांतः** जैविक खेती पारिस्थितिक एवं सजीव पद्धतियों और चक्रों पर आधारित होना चाहिए। जैविक खेती इन पारिस्थितिक चक्रों के साथ कार्य करें और साथ ही इनकी सततता बनाए रखने में भी सहायक होनी चाहिए।

- **निष्पक्षता अथवा न्याय संगतता का सिद्धान्तः** जैविक खेती पर्यावरण में उपस्थित सभी जीवों के पारस्परिक संबंधों को सुदृढ़ करने पर विशेष बल देती है, जिससे कि किसी भी जीव के साथ अन्याय न हो और साथ ही उसका अत्यधिक दोहन भी न हो।

- **सेवा का सिद्धान्तः** जैविक खेती को एक जिम्मेदारी के साथ किया जाना चाहिए, जिससे कि वर्तमान जनसंख्या व आने वाली पीढ़ियों के स्वास्थ्य के हितों की अवहेलना न हो और साथ ही पर्यावरण स्वास्थ्य पर भी कोई बुरा प्रभाव न पड़े।

फसल उत्पादकताः विश्व और भारत में किए गए अनेक कृषि अनुसंधान परिणामों से ज्ञात हुआ है कि परम्परागत खेती की तुलना में जैविक खेती से उत्पादन में लगभग 10–35 प्रतिशत तक गिरावट आती है। विशेषकर आरम्भ के 3 रूपान्तरण वर्षों में। वर्षा आधारित (बारानी) क्षेत्रों में सिंचित क्षेत्रों की तुलना में जैविक उत्पादन में बहुत ही कम कमी आती है। ऐसा इसलिए होता है, क्योंकि बारानी क्षेत्रों में पहले से ही आधुनिक निवेशों (कृत्रिम उर्वरक एवं रसायन) का प्रयोग न के बराबर होता रहा है और साथ ही जैविक खेती अपनानें से मृदा में जैव पदार्थ बढ़ता है जिससे फसलों की सूखा सहने की क्षमता में बढ़ोतरी होती है और फसल उत्पादन प्रभावित नहीं होता है। दीर्घकाल में यह उत्पादन अन्तर और कम हो जाता है। बहुत से अनुसंधान परिणामों में परंपरागत और जैविक कृषि की पैदावार में कोई अंतर नहीं पाया गया है।

भाकृअनुप–भारतीय कृषि अनुसंधान संस्थान, पूसा, नई दिल्ली में जैविक खेती पर बासमती धान–गेहूं फसल चक्र पर दीर्घकालिक अनुसंधान किए गए। परिणामों में पाया गया कि जैविक विधि से उगाए गए बासमती धान की दस वर्षों की औसत उपज 4.5 टन/हैक्टेयर थी, जबकि परंपरागत विधि से बासमती धान उगाने पर लगभग इतनी ही उपज प्राप्त होती है। हालांकि फसल चक्र में शामिल जैविक गेहूं की उपज में परंपरागत गेहूं की तुलना में लगभग 1.5 टन/हैक्टेयर की गिरावट आई। भाकृअनुप–भारतीय कृषि प्रणाली अनुसंधान संस्थान, मोदीपुरम, मेरठ (उत्तर प्रदेश) के द्वारा जैविक खेती पर देश के

विभिन्न राज्यों में एक नेटवर्क परियोजना चलाई जा रही है, जिसके 8 फसल–चक्रीय वर्ष पूर्ण हो चुके हैं। इस परियोजना के मुख्य रूप से निम्नलिखित परिणाम प्राप्त किए गए हैंः

- बासमती धान, सोयाबीन, लहसुन, मूंगफली, फूलगोभी और टमाटर फसलों की जैविक खेती से प्राप्त उपज परंपरागत खेती से प्राप्त उपज से 4–6 प्रतिशत अधिक थी।
- मूंग, प्याज, मिर्च, बंदगोभी और हल्दी फसलों की जैविक खेती से प्राप्त उपज परंपरागत खेती से प्राप्त उपज से 7–14 प्रतिशत अधिक थी।
- गेहूं, सरसों, मसूर, आलू और राजमा की फसलों की जैविक खेती से प्राप्त उपज परंपरागत खेती से प्राप्त उपज से 5–8 प्रतिशत कम थी।
- 6 वर्षों में जैव–कार्बन की मात्रा जैविक खेती करने से 22 प्रतिशत बढ़ गई।
- जैविक खेती करने से परियोजना के सभी केन्द्रों पर सूक्ष्मजीवों की संख्या में वृद्धि पाई गई।

जैविक उत्पादों की गुणवत्ताः यह सिद्ध हो चुका है और एक सच है कि परंपरागत खेती से प्राप्त उत्पादों की तुलना में जैविक उत्पादों की गुणवत्ता बेहतर होती है। कुछ अनुसंधान परिणामों के आंकड़े उपलब्ध हैं। जैविक खेती से प्राप्त उत्पादों की गुणवत्ता का संक्षिप्त विवरण इस प्रकार हैः

सारणी 1. मृदा (0–30 सें.मी.) में जैव पदार्थ एवं धारण जल की मात्रा

क्र.स.	जैव पदार्थ (प्रतिशत)	जल की मात्रा (लीटर/हैक्टेयर)
1.	0.5	80,000
2.	1.0	1,60,000
3.	2.0	3,20,000
4.	3.0	4,80,000
5.	4.0	6,40,000
6.	5.0	8,00,000
7.	6.0	9,60,000

(आई.एफ.ओ.ए.एम., 2013)

- जैविक पदार्थों में अधिक शुष्क–पदार्थ, खनिज और आक्सीकारक विरोधी तत्व पाए जाते हैं।
- जैविक पशु उत्पादों एवं उनसे प्राप्त मूल्य–संवर्धित उत्पादों में संतृप्त–वसीय अम्लों की तुलना में असंतृप्त–वसीय अम्लों की अधिकता होती है, जबकि परंपरागत विधि से प्राप्त पशु उत्पादों में अंसतष्प्त वसीय अम्लों की तुलना में संतृप्त वसीय

अम्लों की अधिकता होती है। अतः जैविक पशु उत्पाद मानव स्वास्थ्य के लिए अधिक लाभकारी है।

- 94–100 प्रतिशत जैविक उत्पाद पीड़कनाशी रहित (सुरक्षित खाद्य पदार्थ) पाए गए हैं।
- जैविक सब्जियों में नाइट्रेट की मात्रा 50 प्रतिशत कम होती है जो मानव स्वास्थ्य के लिए लाभदायक होता है।
- कई अनुसंधान परिणाम सिद्ध करते हैं कि परंपरागत कृषि से प्राप्त उत्पादों की तुलना में जैविक उत्पाद अधिक स्वादिष्ट होते हैं।
- ऑक्सीकारक–विरोधी (एंटीऑक्सीडेंट्स) तत्वों का मानव स्वास्थ्य बनाए रखने में अपूर्व सहयोग होता है। परंपरागत कृषि से प्राप्त उत्पादों की तुलना में जैविक उत्पादों में औसतन ऑक्सीकारक विरोधी तत्वों की मात्रा 50 प्रतिशत अधिक होती है।

जलवायु परिवर्तन, पर्यावरण सुरक्षा एवं मृदा उर्वरताः यदि सूखे यानो अनावृष्टि की स्थिति आती है तो निसंदेह परम्परागत खेती की तुलना में जैविक खेती द्वारा अधिक उत्पादन मिलेगा, क्योंकि जैविक खेती के अंतर्गत मृदा में जैव (कार्बनिक) पदार्थ एवं मृदा स्वास्थ्य बेहतर होता है, जिसके परिणामस्वरूप मृदा की जल धारण क्षनता बढ़ती है, जो फसल को सूखा सहन करनें में सहायक सिद्ध होता है। विस्कॉन्सिन समेकित फसल प्रणाली जांच (अमेरिका) के अनुसार सूखे की स्थिति वाले वर्षों में जैविक खेती से अधिक पैदावार तथा सामान्य वर्षा वाले वर्षों में जैविक एवं परंपरागत खेती दोनों में बराबर पैदावार प्राप्त हुई। अनुसंधान परिणाम दर्शाते हैं कि जैविक खेती प्रणालियों में जल का भी दक्ष उपयोग होता है (सारणी–1)। जैविक खेती अपनाने से मृदा में जैव पदार्थ की मात्रा में वृद्धि होती है, जिसके परिणामस्वरूप उसकी जलधारण क्षमता में वृद्धि होती है और अंततः फसल की सूखे को बर्दास्त करने की क्षमता में वृद्धि होती है।

जैविक खेती पर्यावरण सुरक्षा एवं मृदा उर्वरता वृद्धि में निम्न प्रकार से योगदान दे सकती हैः

- जैविक खेती से हरित गृह गैसों (मिथेन, कार्बन डाईऑक्साइड, नाइट्रस ऑक्साइड, सल्फर डाईऑक्साइड) का कम उत्सर्जन होता है।
- मृदा से नाइट्रेट लीचिंग (निक्षालन) में कमी आती है, जिससे भूमिगत जल की गुणवत्ता में सुधार आता है।
- मृदा में कार्बन का दीर्घकालीन संचयन होता है, जो जलवायु में होने वाले परिवर्तनों के प्रभाव को कम करता है।
- जैविक खेती में मृदा के भौतिक, रासायनिक और जैविक गुणधर्मों में सुधार होता है।

जैव विविधता एवं जैविक खेतीः जैविक खेती से जैव विविधता का चहुंमुखी विकास होता है। जैविक खेती में पोषक तत्व एवं पीड़क प्रबंधन के लिए फसल विविधीकरण और फसल चक्रों पर विशेष जोर दिया जाता है, जो मृदा के ऊपर एवं अन्दर जैव विविधता को बढ़ाते हैं। मृदा के अंदर एवं बाहर रहने वाले मित्रकीटों एवं अन्य जीवों की संख्या में वृद्धि होती है, जबकि फसल के लिए हानिकारक जीवों की संख्या में कमी आती है। एक अनुसंधान में परंपरागत फार्म पर चमगादड़ों की अधिक संख्या पाई गई है। जैविक खेती में फसल चक्रों पर विशेष बल दिया जाता है। इन फसल चक्रों में दलहनी और फलियों वाली फसलों को शामिल किया जाना चाहिए। साथ ही समय समय पर हरी खाद की फसलों को भी शामिल किया जाना चाहिए। फसल चक्रों में ऐसी फसलों कों शामिल किया जाए जिनके लिए पर्याप्त विपणन सुविधाएं भी उपलब्ध हों।

सारणी 2. दलहनी हरी खाद फसलों का नाइट्रोजन यौगिकीकरण में योगदान

फसल का नाम	वानस्पतिक नाम	उगाने का मौसम	हरे पदार्थ की औसत उपज (टन / हैक्टेयर)	हरे पदार्थ में नाइट्रोजन (प्रतिशत)	मृदा में नाइट्रोजन का योगदान (कि.ग्रा. / हैक्टेयर)
सनई	क्रोटेलरिया जंसिया	खरीफ, जायद	15	0.43	84
ढ़ेचा	सैस्बेनिया एक्युलिएटा	खरीफ, जायद	14	0.42	77
मूंग	विगना रेडियटा	खरीफ, जायद	6	0.53	39
लोबिया	विगना अंगुईकुलेटा	खरीफ, जायद	11	0.49	56
ग्वार	साइमोपसिस ट्रेट्रागोनोलोवा	खरीफ, जायद	14	0.34	62
सैंजी	मैलीलोटस अल्बा	रबी	21	0.51	134
खेसारी	लेथाइरस सेटाइवस	रबी	9	0.54	61
बरसीम	ट्राइफोलियम आलेक्संड्रिनम	रबी	11	0.43	61

यावलकर एवं साथी (1996)

आदर्श फसल चक्रः एक निश्चित क्षेत्रफल की भूमि में एक निश्चित अवधि तक फसलों को इस प्रकार बदल–बदल कर बोना जिससे भूमि की उर्वरता शक्ति का ह्रास न हो, तथा उस मौसम में अगले वर्ष वे फसलें नहीं यानी बदल–बदल कर फस्ल उगाना फसल चक्र कहलाता है। फसल चक्र एक वर्ष से लेकर तीन या चार वर्ष का हो सकता है। लगातार एक प्रकार की फसलों को उगाने से मिट्टी की उर्वराशक्ति में गिरावट आ जातो है। साथ ही कीड़े–मकोड़ों, बीमारियों और खरपतवारों का नियंत्रण भी एक गंभीर समस्या बन जाती है। उदाहरण के लिए, लगातार धान–गेहूं फसल चक्र अपनाने से गेहुसां (गुल्ली डंडा) खरपतवार की बढ़वार अधिक होती है जो गेहूं की पैदावार पर प्रतिकूल प्रभाव डालता है। धान के कुछ कीट, गेहूं की फसल को नुकसान पहुंचा सकते हैं। अतः ऐसी परिस्थिति में इस फसल चक्र में धान–गेहूं का विविधीकरण करके उपरोक्त समस्याओं का निवारण किया जा सकता है। धान–गेहूं फसल चक्र के स्थान पर धान–आलू, धान–बरसीम, धान–सूरजमुखी अथवा धान–गेहूं–मूंग, धान–चना आदि फसल चक्रों को अपनाया जा सकता है।

यदि संभव हो तो फसल चक्र में हरी खाद को शामिल किया जा सकता है। हरी खाद लगाने से भूमि की उर्वराशक्ति में वृद्धि होती है और अगली फसल के उत्पादन में भी बढ़ोतरी होती है। यदि हरी खाद का फसल चक्र में समावेश संभव न हो तो युग्म उद्देशीय दलहनी फसलों, जैसे मूंग, लोबिया, उड़द, चना, मटर और ग्वार आदि को उगाया जा सकता है। उपरोक्त फसलों से फलियों को अलग करने के बाद इनके अवशेषों को मिट्टी में मिलाया जा सकता है। इस प्रकार इन युग्म उद्देशीय दलहनी फसलों को फसल चक्र में शामिल करने से किसानों को आमदनी और मिट्टी की उर्वराशक्ति में बढ़ोतरी होगी। फसल चक्र बनाते समय एक बात का और ध्यान रखना चाहिए कि फसलोत्पादन के साधनों का वर्ष भर क्षमतापूर्ण ढ़ंग से उपयोग हो सके। फसल चक्र बनाते समय उसनें फसलों का समावेश ऐसा होना चाहिए कि सिंचाई, बीज, मजदूर, यंत्र आदि जो भी अपने पास उपलब्ध हों और साथ ही घरेलू आवश्यकता की सभी वस्तुएं, जैसे अनाज, दाल, सब्जी, चारा, रेशा तथा आय भी वर्ष भर उपलब्ध होती रहे।

फसल चक्र में फसलों का चयन जलवायु, मृदा, प्रबंध और आर्थिक पक्ष पर निर्भर करता है। केवल अनुकूल परिस्थितियों में ही फसलों का उत्पादन लाभकर होता है। फसल अनुकूलन का सबसे अच्छा प्रमाण फसल की सामान्य वृद्धि तथा समान रूप से अधिक उपज देने की क्षमता है। अनुकूल फसलें उस क्षेत्र में प्रायः कम उपजाऊ भूमि में भी सन्तोषजनक उपज दे सकती हैं। जलवायु के अतिरिक्त, फसलों का चुनाव मृदा गठन पर भी निर्भर करता है। भारी भूमि में धान, सोयाबीन, गेहूं, सरसों, मक्का, कपास और चना आदि फसलों को उगाना उचित होगा। यदि भूमि हल्की हो तो मूंगफली, मक्का, ज्वार, गेहूं, जौ आदि फसलें उगानी चाहिए। जबकि हल्की ऊसर भूमि में धाान, कपास, चुकन्दर, जौ, बरसोम, अलसी आदि फसलें ही ली जा सकती हैं। इसी प्रकार निचली भूमि में धान तथा ऊंची भूमि में गेहूं, जौ, मक्का, मटर, चना आदि फसलों का उगाना ठीक होगा। इसके अलावा फसल चक्र में

ऐसी फसलों को शामिल किया जाए जिनको बेचने की पर्याप्त सुविधा हो। अर्थात उत्पादन की बाजार में अच्छी मांग हों और कृषक को उसे बेचकर अधिक लाभ की प्राप्ति हो। फसल चक्र अपनाने से जोखिम में कमी आती है, साथ ही वर्ष भर रोजगार मिलता है, संसाधनों का अनुकूलतम उपयोग होता है, फसल सुरक्षा बनी रहती है, मृदा उर्वरता व जैव विविधता में वृद्धि होती है।

- फसल उत्पादन में प्रयुक्त कारकों की उत्पादकता में गिरावट एक गंभीर चुनौती बनकर सामने आ रही है, जो उपज बीस वर्ष पहले उर्वरक का एक कट्टा ड़ालकर मिलती थी अब वही उपज उर्वरक के दो कट्टे डालकर मिलती है। इसी प्रकार पीड़कों (पेस्ट्स) के नियंत्रण के लिए अब रसायनों के पहले की तुलना में अधिक छिड़काव करने पड़ते हैं। इससे फसल उत्पादन की लागत बढ़ जाती है, जिसके परिणामस्वरूप प्रक्षेत्र आय में कमी आ जाती है। साथ ही अनेक प्रकार के जलवायु परिवर्तनों के कुप्रभावों के कारण भी कृषि उत्पादन प्रभावित हो रहा है और खेती से प्राप्त आमदनी घट रही है। कृषि में परंपरागत विधियों को अपनाने के कारण जैव विविधता और फसलों के विविधीकरण में कमी आई है। इसके कारण मृदा की आंतरिक जैव विविधता में भी बदलाव हुआ है। साथ ही मृदा में कृत्रिम रसायनों के प्रयोग के कारण भी इसमें उपस्थित जैव विविधता में कमी आई है। मृदा के उपयुक्त स्वास्थ्य एवं आवश्यक पोषक तत्वों के चक्रीकरण के लिए जैव विविधता में कमी आई है। मृदा के उपयुक्त स्वास्थ्य एवं आवश्यक पोषक तत्वों के चक्रीकरण के लिए जैव विविधता को बनाए रखना परम आवश्यक है।

हरी खादः हरी खाद के लिए मुख्य रूप से दलहनी फसलें उगायी जाती हैं। इनकी जड़ों में गांठें होती हैं। इन ग्रन्थियों में विशेष प्रकार के सहजीवी जीवाणु रहते हैं, जो वायुमण्डल में पायी जाने वाली नाइट्रोजन का यौगिकीकरण करके मृदा में नाइट्रोजन की पूर्ति करते हैं। दलहनी फसलें मृदा की भौतिक दशा को सुधारने के अलावा उसमें जीवांश पदार्थ की मात्रा भी बढ़ाती हैं। दलहनी फसलें खरपतवारों को नियंत्रित करने में सहायक है। हरी खाद को दो प्रकार से तैयार किया जा सकता है।

1. **हरी पत्तियों वाली हरी खाद**– इसमें दूसरी जगह से पेड़–पौधों और झाड़ियों की हरी पत्तियों को एकत्र करके अन्य खेत में समान रूप से फैलाकर हैरो अथवा मिट्टी–पलट हल से मिट्टी में दबा दिया जाता है। यह कार्य मुख्य रूप से भारत के दक्षिणी और मध्य भाग में होता है।

2. **फसल को खेत में उगाकर पलटना**– इस विधि से जिस खेत में हरी खाद वाली फसलें उगाई जाती हैं उसी खेत में उपयुक्त नमी में पुष्पावस्था पार मिट्टी पलट हल से मिट्टी में दबा दिया जाता है। कभी–कभी हरी खाद को व्यावसायिक फसलो के बीच में उगाकर खाद के रूप में प्रयोग करते हैं।

भारत में प्रमुख फसल चक्रः धान–गेहूं, मक्का–गेहूं, कपास–गेहूं, सोयाबीन–गेहूं, सोयाबीन–धनियां, तिलहन–दलहनी–गेहूं व मिश्रित खेती देश के प्रमुख फसल चक्र कहे जा सकते हैं। ये सभी फसल चक्र भूमि में तत्वों का भारी दोहन करते हैं। यदि किसी छोटे फसल काल वाली फसल को हरी खाद के रूप में इन फसलों के बीच में उगा लिया जाए तो न केवल आवश्यक पोषक तत्वों की आपूर्ति होती है, अपितु भूमि की भौतिक व जैविक स्थिति में भी सुधार होता है। यदि धान से पहले हरी खाद को लिया जाये तो धान के साथ–साथ यह अगली गेहूं की फसल के लिए भी उत्पादन बढ़ाने में लाभदायक है। हरी खाद की फसलों में ढ़ैचा, सनई, लोबिया तथा ग्वार इत्यादि मुख्य हैं। मुख्य नकदी फसल के साथ हरी खाद स्थान, समय, जल तथा अन्य सीमित संसाधनों के साथ प्रतिस्पर्धा करती है। इसी कारण हरी खाद के उपयोग में बहुत बाधाएं हैं। कुछ महत्वपूर्ण हरी खाद फसलों से प्राप्त हरे पदार्थ की मात्रा एवं नाइट्रोजन की उपलब्धता को सारणी–2 में प्रस्तुत किया गया है। चूंकि जैविक खेती में अभी तक इस तरह के अनुसंधान परिणाम उपलब्ध नहीं हैं, अतः सारणी–2 में दिए गए आंकड़े परंपरागत कृषि की पृष्ठभूमि से लिए गए हैं। परंतु जैविक खेती में भी इसी प्रकार के अथवा और बेहतर परिणाम अपेक्षित हैं।

सबसे कम समय में नाइट्रोजन यौगिकीकरण करने वाली मुख्य फसल ढ़ैचा है। इसे धान की रोपाई से पूर्व ऊंचे एवं नीचे स्थानों पर उगा सकते हैं। ताजा हरी खाद की फसल मृदा में मिट्टी पलट हल से दबाने पर सूक्ष्मजीवों की क्रियाशीलता तीव्र हो जाती है, जिससे हरी खाद वाली फसल जल्दी सड़–गल जाती है और अगली फसल को नाइट्रोजन की आपूर्ति हो जाती है। मृदा में सूक्ष्म जीवों की क्रियाशीलता, मृदा में नाइट्रोजन–कार्बन अनुपात, मृदा तापमान, मृदा में नमी और पौधों की आयु व प्रकार पर निर्भर करती है। इस प्रकार हरी खाद वाली फसल को गलाने–सड़ाने में तीव्रता लाने के लिए मृदा में जैविक पदार्थ और कार्बनः नाइट्रोजन का अनुपात 15:1 और 25:1 के मध्य होना अति आवश्यक है। हरी खाद मुख्य रूप से मृदा के भौतिक गुणों को सुधारने में बहुत लाभकारी होती है। मृदा के भौतिक गुण, जैसे मृदा संरचना, रचना एवं नमी धारण करने की क्षमता में पर्याप्त सुधार होता है। साथ ही मृदा में आवश्यक वायुसंचार, रंध्रावकाश, अपधावन क्षमता, हाइड्रोलिक कंडक्टिविटी आदि को बनाए रखने में भी सहायक है। हरी खाद के बाद उगाई जाने वाली अगली फसल में कीटों एवं बीमारियों का प्रकोप कम होने से इसकी उपज में वृद्धि होती है।

जैविक खेती में पोशक तत्व प्रबंधन

- किसी भी कृत्रिम अथवा संश्लेषित उर्वरकों का प्रयोग वर्जित होता है।
- फसल चक्रों में दलहनी एवं हरी खाद फसलों को शामिल करके।
- पोषक तत्वों की हानियों (मृदा क्षरण) को कम किया जाए।

- मृदा में भारी धातु (पारा, कैडमियम, आर्सेनिक) न पहुंचे।
- मृदा का सही पी–एच मान बनाया जाए।
- अकृत्रिम अथवा प्राकृतिक खनिज उर्वरकों का प्रयोग (जिप्सम, रॉक फॉस्फेट)।
- कम्पोस्ट, वर्मीकम्पोस्ट (केंचुआ खाद), गोबर की खाद का प्रयोग।
- फसल अवशेषों का प्रयोग।
- जैव उर्वरक (राइजोबियम, एजोटोबेक्टर, माइकोराइजा, पी.एस.बी., धान में नील हरित शैवाल आदि) का प्रयोग।

फसल अवशेषः जैविक खेती में फसल अवशेषों का विशेष योगदान हो सकता है। जैविक खेती में इन फसल अवशेषों का पुनर्चक्रीकरण करके लाभ प्राप्त किया जा सकता है। जैविक खेती से प्राप्त विभिन्न फसल अवशेषों, जैसे गेहूं का भूसा, कपास के डण्ठल, गन्ने की सूखी पत्तियां तथा धान, सोयाबीन, उड़द का भूसा इत्यादि की कुछ मात्रा का खेत में पुनर्चक्रण किया जा सकता है। कई प्रयोगों व अनुसंधानों से यह सिद्ध हुआ है कि गेहूं व धान का भूसा डालने से उत्पादन बढ़े या नहीं परंतु भूमि उर्वरता पर अवश्य ही धनात्मक प्रभाव होता है। यद्यपि धान व गेहूं का भूसा डालने पर शुरू में पोषक तत्वों के स्थिरीकरण के कारण इनकी कमी हो जाती है परन्तु इसके साथ किसी दलहनी फसल के भूसे को मिलाकर इस घटक को दूर किया जा सकता है। अतः फसल अवशेषों के प्रयोग से मृदा उर्वरता व उत्पादकता को बढ़ाकर संधारित उत्पादन के उद्देश्य को प्राप्त किया जा सकता है। 46 साल में 2.8^0C बढ़ा दिन का तापमान, फसल अवशेष जलाने से उस मिट्टी का 6 इंच गहरी परत का तापमान 300^0C तक बढ़ जाता है।

जैव उर्वरक व मात्रा प्रयोगः जैव उर्वरक विभिन्न प्रकार के सूक्ष्मजीवियों (जीवाणु, कवक, एक्टीनोमाइसिटिस आदि) की जीवित कोशिकाएं होती हैं। कुछ जैव उर्वरकों में नाइट्रोजन यौगिकीकरण व फास्फोरस घोलने की क्षमता होती है जिससे मृदा में पोषक तत्वों को पौधों के लिए उपलब्ध कराया जाता है। पादप पोषण में पूरक, नवीकरणीय तथा पर्यावरणीय स्त्रोत के रूप में यह महत्वपूर्ण घटक है तथा जैविक पादप पोषण प्रबंधन का आवश्यक अंग है। भारत में इस समय इनके उत्पादन व प्रयोग पर विशेष ध्यान दिया जा रहा है। सरकार एवं अन्य उत्पादन इकाइयां भी इस क्षेत्र में काम करने के लिए तत्पर हैं। इसके साथ किसानों ने भी इनके उपयोग को समझा है। जैव उर्वरकों के बढ़ते हुए उपयोग को देखकर इनकी उत्पादन तकनीक, संरक्षण व उपयोग की विधियों का मानकीकरण तथा विभिन्न कृषि भौगोलिक परिस्थितियों में विविध उपयोग के लिए उपयुक्त जानकारी की आवश्यकता है।

विभिन्न जैव उर्वरकों में फली वाली फसलों के लिए राइजोबियम का सबसे अधिक उपयोग हुआ है। इसके अपेक्षित परिणामों के लिए मृदा अथवा बीज में इनका सही प्रकार

से उपयोग हुआ है। इसके अपेक्षित परिणामों के लिए मृदा अथवा बीज में इनका सही प्रकार से उपयोग आवश्यक है। यद्यपि जैव उर्वरकों के परिणाम बहुत अनिश्चित होते हैं, क्योंकि उनका स्वभाव, जैविक तथा अजैविक वातावरण के प्रति बहुत संवेदनशील होता है। अतः इनके पोषक तत्वों की पूर्ति को बढ़ाने के लिए अधिक प्रभावी, प्रतिस्पर्धा तथा प्रतिबल प्रतिरोधी किस्मों को विकसित करने की आवश्यकता है। फॉस्फोरस घुलनकारी जीवाणु तथा आरबस्कुलर माइकोराइजा कवकों का सूक्ष्म तत्वों एवं फास्फोरस की उपलब्धता में महत्वपूर्ण योगदान हो सकता है।

जैविक खेती में कीटों, रोगों और खरपतवारों का प्रबंधन

- कृत्रिम पीड़कनाशियों (कीटनाशी, कवकनाशी, जीवाणुनाशी, शाकनाशी) का प्रयोग वर्जित रहता है।
- कृत्रिम वृद्धि नियामकों एवं रंगों का प्रयोग नहीं किया जाता है
- आनुवांशिक रूप से निर्मित जीवों तथा उत्पादों का प्रयोग करना भी निषेध है।
- निवारक एवं सस्य–विधियों का प्रयोग (बुआई का समय एवं विधि, पादप संख्या, सिंचाई, फसल चक्र आदि)।
- कीटों एवं रोगों के प्राकृतिक शत्रुओं की संख्या बढ़ाने पर ध्यान।
- चिड़ियों के घोंसलों को नष्ट न किया जाए।
- अनुमत्त यांत्रिक एवं भौतिक विधियों (प्रकाश प्रपंच) का समुचित प्रयोग।
- शत्रु कीटों के जीवन चक्र में बाधा उत्पन्न करना।
- आवश्यकतानुसार नीम के तेल का प्रयोग।
- कीटों अथवा खरपतवारों के परजीवी शिकारियों का प्रयोग।
- आवश्यकतानुसार सिरका, चूना, गंधक, हल्के खनिज तेल का प्रयोग।
- मशरूम और क्लोरेला के अर्क का प्रयोग।
- विषाणु प्रीपेरेशन्स (एनपीवी); कवक प्रीपेरेशन्स; जीवाणु प्रीपेरेशन्स (बैसिलस), परजीवी और परभक्षी आदि का आवश्यकतानुसार उपयोग।

जैविक उत्पादन के मानकः जैविक उत्पादन के मानकों का अर्थ उन नियमों एवं अधिनियमों को अपनाने से है, जिनके आधार पर उत्पादन किया जाए अथवा जैविक उत्पादों को बनाया जाए अथवा उनका प्रसंस्करण किया जाए। उत्पादों पर किस तरह से लेबल (नामपत्र) लगाया जाए। परंपरागत खेती से जैविक खेती के रूपांतरण के क्या नियम हों? फसल उत्पादन में किन–किन विधियों एवं सामग्रियों का प्रयोग किया जाए? इन सभी बातों का उल्लेख जैविक मानकों में किया जाता है।

जैविक खेती में प्रमाणीकरणः प्रमाणीकरण वह प्रक्रिया है, जिसके द्वारा प्रमाणीकरण एजेंसी (संस्था) द्वारा एक लिखित आश्वासन दिया जाता है कि एक स्पष्ट रूप से अभिनिर्धारित उत्पादन अथवा प्रसंस्करण प्रणाली का विधिवत ढंग से मूल्यांकन किया गया है और विनिर्दिष्ट आवश्यकताओं के अनुरूप है। विभिन्न राज्यों में अनेक संस्थाएं जैविक प्रमाणीकरण का कार्य कर रही हैं। इनकी सूची एवं जानकारी के लिए APEDA. कृषि एवं प्रसंस्करित खाद्य उत्पाद निर्यात विकास प्राधिकरण, नई दिल्ली (www.apeda.gov.in) और राष्ट्रीय जैविक खेती केंद्र, गाजियाबाद (http:/ncof.dacnet.nic.in) की वेबसाइट देखें।

कुछ विशेष क्षेत्रों, जलवायु एवं परिस्थितियों में जैविक खेती वरदान साबित हो सकती है। साधारणतया जैविक खेती में बाह्य फार्म निवेशों पर निर्भरता में कमी आती है, ऊर्जा उपयोग में कमी आती है और कृषि आय में वृद्धि होती है। साथ ही मृदा, जल, वायु और पर्यावरण स्वास्थ्य में वृद्धि होती है। जैविक खेती अपनाने से मृदा की ऊपरी एवं आंतरिक जैव विविधता में वृद्धि होती है, जिससे मृदा स्वास्थ्य में बढ़ोतरी होती है। जहां तक फसल उत्पादकता की बात है तो आरंभ के कुछ वर्षों में यह कम मिलती है। यदि जैविक खेती में उपयुक्त फसल पद्धतियों एवं समुचित फसल प्रबंधन को अपनाया जाए तो परंपरागत खेती के बराबर अथवा उससे अधिक फसल उपज की प्राप्ति की जा सकती है। बहुत से ऐसे उदाहरण उपलब्ध हैं जिनमें कृषकों ने जैविक खेती में परंपरागत खेती की तुलना में अधिक उपज प्राप्त की है। जैविक खेती से अच्छी पैदावार लेने के लिए उचित फसल चक्रों एवं फसल विविधीकरण को अपनाना आवश्यक है। दलहनी फसलों का फसल चक्रों में समावेश करना परम आवश्यक होता है। साथ ही उपयुक्त पोषक तत्व, कीट एवं रोग प्रबंधन भी जरूरी है।

यह तो संभव ही नहीं है कि देश की समस्त खेती वाली भूमि को जैविक खेती में परिवर्तित कर दिया जाए, क्योंकि खाद्य सुरक्षा की निरंतरता को बनाए रखने के लिए परंपरागत खेती भी आवश्यक है। परंतु परंपरागत खेती में भी रसायनों के अंधाधुंध प्रयोग से बचना चाहिए। विभिन्न राज्यों की चुनिंदा भूमि और क्षेत्रों में जैविक खेती को अपनाया जा सकता है। खासकर उन क्षेत्रों में जहां रासायनिक उर्वरकों और कृत्रिम पीड़कनाशियों का खेती में पहले ही से न्यूनतम प्रयोग हो रहा है। जैविक उत्पादन में प्रमाणीकरण एक महत्वपूर्ण प्रक्रिया है और इसमें किसानों को काफी पैसा खर्च करना पड़ता है। अतः प्रमाणीकरण में आने वाले खर्च को कम करने की नितांत आवश्यकता है, जिससे कि छोटे किसान भी जैविक उत्पादन कर सकें। साथ ही आरंभ के वर्षों में जैविक खेती से कम उपज प्राप्त होती है। अतः इस बात की भी आवश्यकता है कि स्थानीय सरकार किसानों को उचित मुआवजा दे अथवा क्षतिपूर्ति करें, क्योंकि जैविक खेती पर्यावरण–प्रिय है और इसकी सुरक्षा भी करती है।

जैविक खेती का विश्व और भारत में स्थानः वर्तमान में जैविक खेतो विश्व के लगभग 162 देशों में 370 लाख हैक्टेयर भूमि पर 18 लाख कृषकों द्वारा की जा रही है (वर्ष 2013)। भारत में भी जैविक खेती का विस्तार हो रहा है। वर्ष 2015–16 में भारत में जैविक खेती के अंतर्गत कुल 57.1 लाख हैक्टेयर प्रमाणित क्षेत्र था जिसमें से 42.2 लाख हैक्टेयर वन्य/जंगली और 14.9 लाख हैक्टेयर कर्षित क्षेत्र था। वर्ष 2015–16 में 13.5 लाख टन जैविक उत्पादों का उत्पादन किया गया। मध्य प्रदेश, हिमाचल प्रदेश, राजस्थान, उत्तराखण्ड, केरल, कर्नाटक, असम, सिक्किम और अन्य उत्तर–पूर्वी राज्य जैविक खेती को अपनाने वाले प्रमुख राज्य हैं। इसमें सोयाबीन, कपास, गन्ना, तिलहन, दलहन, बासमती धान, मसाले, चाय, फल, सूखे फल, सब्जियां, कॉफी और उनसे प्राप्त मूल्य सवंर्धेत उत्पाद शामिल हैं।

जैविक उत्पादों का बढ़ता निर्यातः देश से जैविक पदार्थों के निर्यात में धीरे–धीरे वृद्धि हो रही है। देश से वर्ष 2015–16 के अंतर्गत 2.63 लाख टन जैविक उत्पादों का विभिन्न देशों को निर्यात किया गया। इन जैविक उत्पादों में मुख्य रूप से तिलहन (50 प्रतिशत), प्रसंस्कृत खाद्य पदार्थ (25 प्रतिशत), धान्य (अन्न) एवं मोटे अनाज (17 प्रतिशत), चाय (2 प्रतिशत), दालें (2 प्रतिशत), मसाले (1 प्रतिशत), एवं अन्य शामिल हैं। यह निर्यात यूरोपियन संघ, अमेरिका, कनाडा, स्विट्जरलैण्ड, कोरिया, आस्ट्रेलिया, न्यूजीलैण्ड़, दक्षिण–पूर्वी एशिया के देश, मध्य पूर्व एशिया के देशों और दक्षिणी अफ्रीका आदि को किया गया। वर्ष 2015–16 में निर्यात किए गए जैविक उत्पादों का कुल मान 298 मिलियन अमेरिकी डॉलर था। भविष्य में जैविक पदार्थों के अन्तर्गत क्षेत्रफल बढ़ने की अपार संभावनाएं हैं, जिससे कि इन पदार्थों का उत्पादन एवं निर्यात बढ़ेगा और देश में अधिक मात्रा में विदेशी मुद्रा का अर्जन हो पाएगा।

जैविक खेती एवं कृषि आयः जैविक उत्पादों के निर्यात को बढ़ाकर इनसे प्राप्त आय को बढ़ाया जा सकता है। भारत जैविक विधि से उत्पादित सोयाबीन, कपास, गन्ना, तिलहन, दलहन, बासमती धान, मसाले, चाय, फल, सूखे फल, सब्जियां, कॉफी और उनसे प्राप्त मूल्य–सवंर्धित उत्पादों का निर्यात करता है। आमतौर पर बाजार में जैविक उत्पाद कुछ महंगे मिलते हैं और आम आदमी की पहुंच से दूर होते हैं। परंतु जो उपभोक्ता इन महंगे उत्पादों को खरीद सकते हैं उन्हें ऐसा कर लेना चाहिए, क्योंकि इन उत्पादों से मानव स्वास्थ्य अच्छा रहता है। जैविक खेती को अपनाकर कृषि आय में वृद्धि की जा सकती हैं क्योंकि जैविक उत्पादन में लगभग 15–20 प्रतिशत लागत कम आती है और जैविक उत्पादों की बिक्री पर 25–50 प्रतिशत तक अधिक मूल्य मिलता है। अतः जैविक खेती में फसलों का उचित प्रकार से प्रबंधन किया जाए तो अच्छी आमदनी की प्राप्ति होगी।

गेंहूँ फसल पर गौ–मूत्र का छिड़काव

जैविक चना की फसल

गेंहूँ फसल में जैविक उत्पादों का प्रयोग

❑❑❑

अध्याय 3

जैविक खेती के प्रमुख घटक

भारी जैविक खादें: जीवांश शब्द का संधि विच्छेद है, जीव + अंश। अतः जीवांश खाद उस खाद को कहते हैं, जिसमें जीव का अंश हो, ऐसी खाद को प्राकृतिक या जैविक अथवा कार्बनिक खाद भी कहते हैं। ऐसी जीवांश खादों में कार्बनिक पदार्थों की मात्रा अधिक एवं अनुपात में पोषक तत्वों की मात्रा कम होती है जो निम्नलिखित हैं:

अ) भारी जैविक खादें

i) वर्मीकम्पोस्ट (केंचुआ खाद)
ii) नाडेप फास्फोकम्पोस्ट
iii) नाडेप कम्पोस्ट
iv) सुपर कम्पोस्ट
v) प्रोम खाद
vi) बायोगैस स्लेरी
vii) गोबर की खाद
viii) हरी खाद
ix) नील हरित शैवाल
x) गन्दे नालों की खाद
xi) प्रेस मड
xii) चिड़ियों की बीट

ब) जीवाणु खादें

i) एजोटोबेक्टर कल्चर
ii) राइजोबियम कल्चर
iii) पी.एस.बी. कल्चर
iv) अजोटोमील
v) फास्फोमील

स) शीघ्र तैयार होने वाली जैविक खादें

i) अमृत पानी
ii) अमृत संजीवनी
iii) मटका खाद
iv) वर्मी वाश
v) अग्निहोत्र भस्म

द) खली की खादें

i) खलियों

ii) हड्डी का चूरा

iii) सूखा रक्त

iv) मछली की खाद आदि

य) जैविक कीट एवं व्याधि नियंत्रण

i) गौमूत्र

ii) नीम

अ) नीम की पत्ती का घोल

ब) निंबोली

स) नीम की खली

iii) मट्ठा

iv) मिर्च/लहसुन

v) लकड़ी की राख

vi) ट्राइकोडर्मा व ट्राइकोग्रामा

vii) एन.पी.वी. (एस)

viii) अन्य नुस्खे

❑❑❑

अध्याय 4

केंचुआ खाद (वर्मीकम्पोस्ट)

कार्बनिक खेती का मुख्य घटक जैविक खाद जैसे केंचुआ खाद हैं जो कि वर्तमान में रासायनिक खादों का बेहतर विकल्प है। हमारे देश में प्रतिवर्ष 340 निलियन टन कृषि अपशिष्ट विभिन्न स्त्रोतों से उत्पन्न होते हैं लेकिन अधिकांश किसान इन फसल अवशेषों को जलाकर नष्ट कर देते हैं। आजकल फसल अवशेषों को केंचुआ खाद बनाने में उपयोग किया जा सकता है जो फसलोत्पादन में वृद्धि के साथ–साथ मृदा उर्वरता तथा उत्पादकता को बनाये रखने एवं गुणवत्ता उत्पाद की आपूर्ति में सहायक है। इस प्रकार केंचुआ खाद बनाकर कृषि अपशिष्ट को नष्ट होने से बचाया जा सकता हैं एवं ग्रामीण क्षेत्र के शिक्षित बेरोजगार युवक के लिए स्वरोजगार का बेहतर विकल्प सृजित किया जा सकता है। आधुनिक कृषि प्रणाली में वर्मीकम्पोस्ट की अहमियत बढ़ती जा रही है क्योंकि यह मिट्टी की उर्वरता बढ़ाने में अनेक प्रकार से योगदान दे रहा है तथा हमारी कृषि के लिए वरदान साबित हो सकता है, क्योंकि केंचुए सड़े–गले जैविक पदार्थों को शीघ्र अपघटित कर अति उत्तम किस्म की जैविक खाद में तब्दील कर देते है।

केंचुओं का वैज्ञानिक तरीके से प्रजनन तथा पालकर उनकी संख्या में गुणन कराना **वर्मी कल्चर** कहलाता है। केंचुओं की कास्टिंग उनके अवशेष, अण्डे, कोकून, लाभकारी सूक्ष्म जीवाणु, पोषक तत्व व अपचित जैविक पदार्थों का मिश्रण **वर्मीकम्पोस्ट** कहलाता है। **वर्मीकम्पोस्टिंग** एक जैव प्रक्रिया है जिसमें केंचुए कार्बनिक पदार्थों को पाचित एवं उत्सर्जित करके बारीक उत्पाद (वर्मीकास्ट) बनाते हैं।

केंचुआ खाद क्यों ?

- पर्यावरण सहयोगी।
- मृदा संरचना में सुधार।
- शिक्षित बेरोजगार युवकों के लिए स्वरोजगार का बेहतर विकल्प।
- युवाओं व महिलाओं द्वारा आसानी से तैयार किया जा सकता है।
- किसान के खेत व घर में उपलब्ध गोबर, जैविक पदार्थ या कृषि अपशिष्ट का उपयोग।

- कम लागत एवं गुणवत्ता उत्पाद की आपूर्ति।
- उर्वरकों एवं रसायनों पर होने वाले खर्च में बचत।
- फसलों में कीटनाशक दवाओं के इस्तेमाल में कमी।

केंचुओं का जीवनः यह एनीलिडा वर्ग का रात्रिचर प्राणी है। यह बरसात में एक से सवा फीट तथा जाड़े में 3.5–4 फीट गहराई पर रहता है। इनका जीवनकाल 10 वर्ष तक होता है। प्रजनन क्षमता 2–2.5 वर्ष तक रहती है। 5–6 माह बाद कोकून प्राप्त होने लगता है परन्तु उपयुक्त तापमान, नमी एवं खाद्य पदार्थ होने पर केंचुए प्रायः 5–6 सप्ताह में वयस्क होकर प्रजनन करने लायक बन जाते हैं। वयस्क केंचुआ एक सप्ताह में 2–3 अण्डे देते हैं। कोकून से प्रौढ़ 2–3 सप्ताह में बाहर आ जाते हैं। इस प्रकार एक जोड़ी केंचुओं से लगभग छः माह में 100 कोकून (250 केंचुए) प्राप्त किये जा सकते है। केंचुआ का शरीर के दोनों सिरे कुछ नुकीले होते हैं लेकिन अग्रिम सिरा पिछले सिरे की अपेक्षा कुछ अधिक नुकीला होता है। केंचुआ द्विलिंगी या उभयलिंगी जीव है। अर्थात् नर और मादा दोनों जननांग एक ही जीव में होते हैं, फिर भी प्रजनन हेतु दो केंचुओं में सदैव शुक्रकोशाओं का विनिमय यानी अपर निषेचन होता है। जिन्हे पाला नहीं जाता, ऐसे केंचुए प्रजनन हेतु वर्षा ऋतु में जोड़े के रूप में अपने बिलों से बाहर निकल कर औदरिक तल द्वारा एक दूसरे से इस प्रकार चिपक जाते हैं कि एक का सिरा दूसरे के विपरीत दिशा में रहे। साथ ही एक का नर जनन छिद्र दूसरे के शुक्रधानी छिद्रों के ठीक पास आकर सट जाये। तब प्रत्येक के नर जनन छिद्र से शुक्राणु निकल कर दूसरे के शुक्रधानी छिद्र से होते हुए शुक्राणु में जाकर संचित हो जाते हैं। उसके कुछ देर बाद दोनों केंचुए अलग हो जाते हैं। भूमि की सतह पर घास–फूस की परत होनी चाहिये, क्योंकि ये अंधेरे में रहना पसन्द करते हैं एवं अंधेरे में इनकी प्रजनन दर बढ़ जाती है। विपरीत परिस्थितियों में जिंदा रहने के लिये केंचुए कोकून अवस्था में रहते हैं, क्योंकि कोकून सड़ने की प्रक्रिया एवं तापमान की अधिकता को सहन कर सकते हैं। परिस्थितियां अनुकूल होने पर ही कोकून से केंचुओं के रूप में परिवर्तित होते हैं।

केंचुओं के प्रकार

1. **एन्डोजेईकः** गहरी सुरंग बनाने वाले लम्बे केचुए एन्डोजेईक कहलाते हैं। इनकी लम्बाई 8–10 इंच एवं वजन 5 ग्राम होता है। ये मृदा को 90 प्रतिशत तथा कार्बनिक पदार्थों को 10 प्रतिशत खाते हैं, वर्षा ऋतु में दिखाई देते हैं। ये बहुत अधिक एवं स्थायी सुरंगे बनाते हैं तथा सुरंगों में अपना मल निकालते रहते हैं। इनमें स्थानीय मेटाफायर पोस्थ्युमा व ऑक्टोकीटोना थर्सटोनी प्रजातियां होती हैं। ये किस्म जल निकास व जल संरक्षण में उपयोगी हैं।

2. **एपीजेईकः** भूमि की ऊपर सतह पर रहने वाले एपीजेईक कहलाते हैं। इनकी क्रियाशीलता एवं जीवन अवधि कम लेकिन प्रजनन दर अधिक होती है। ये बारीक

लम्बे तथा लाल रंग के होते हैं। ये कार्बनिक पदार्थों को 90 प्रतिशत तथा मृदा को 10 प्रतिशत खाते हैं तथा वजन में आधा से एक ग्राम के होते हैं और वर्मीकम्पोस्ट बनाने में ज्यादातर प्रयोग में लाया जाता है। आइसीनिया फीटिडा और यूड्रीलस यूजिनी प्रमुख प्रजातियां हैं। इन प्रजातियों की लम्बाई 3–7 इंच होती है।

3. **एनेसिकः** ये मिट्टी में नीचे से ऊपर तथा ऊपर से नीचे लम्बवत् चलन करते हैं। इनमें लेम्पीटो मारूति स्थानीय प्रजाति पायी जाती है।

केंचुओं की कार्यशैलीः परीक्षणों द्वारा यह प्रमाणित हो चुका है कि केंचुए सड़ने–गलने वाले कचरों (जो रबर, प्लास्टिक, काँच, पोर्सलिक और धातु से मुक्त) को मात्र 35 दिनों में ही खाद में तब्दील कर देते हैं। केंचुए रात में या वर्षा में जमीन की सतह पर निकलते हैं, जमीन में सुरंग बनाने की प्रक्रिया में एक जोड़ी केंचुआ 4 से 9 किलो ग्राम तक जमीन की निचली तह की उपजाऊ मिट्टी बारीक अवस्था में जमीन की ऊपरी सतह पर पहुंचा देता है। सुप्रसिद्ध प्राणी विशेषज्ञ चार्ल्स डार्विन ने केंचुओं को धरती को प्राकृतिक रूप से जोतने वाला कहा है जो बिना दाम के ही भरपूर जुताई करते हैं। उनके अनुसार एक एकड़ जमीन में लगभग 10000 केंचुए रहते हैं जो सालभर में 14 से 18 टन मिट्टी जमीन के नीचे से लाकर सतह पर इकट्ठी कर देते हैं तथा जमीन की सतह पर भुरभुरी नई परत बना देते हैं। वैज्ञानिकों ने अनुमान लगाया है कि 1000 टन गीले कार्बनिक कचरे को केंचुए 300 टन अच्छी, जैविक खाद में तब्दील कर देते हैं। देश के बड़े शहरों में, जैसे दिल्ली, पूना, चेन्नई व मुम्बई आदि कई बड़े शहरों में कचरों के अम्बार को शीघ्र निपटाने हेतु वर्मी टेक्नोलॉजी को अपनाया जाने लगा है। केंचुए द्वारा कार्बनिक अपशिष्टों को जैविक खाद में परिवर्तित करने की प्रक्रिया में हाइड्रोजन सल्फाइड मरकप्टन आदि जैसे तेज दुर्गन्ध पैदा करने वाले यौगिकों का निर्माण नहीं हो पाता है जो इस प्रक्रिया की सबसे बड़ी विशेषता है। केंचुए कार्बनिक पदार्थ व मिट्टी को खाते हुये सुरंग बनाकर आगे बढ़ते हैं, इसके लिये इन पदार्थों का गीला होना आवश्यक है। इसके 8–9 वें खण्ड पर एक कुदरती चक्की लगी होती है जिसे गिजार्ड कहते हैं। इसके द्वारा खाये गये पदार्थ पीसकर बारीक बना दिये जाते हैं। इसके बाद केंचुओं द्वारा निकाले गये कुछ एन्जाइम (जैसे– प्रोटियेज लाइपेस, सेलुलोज आदि) इसमें मिल जाते हैं जो कार्बनिक पदार्थों को अपघटित करने का कार्य करते हैं। केंचुओं द्वारा खाये गये कार्बनिक पदार्थ का 5–10 प्रतिशत भाग ही एन्जाइम द्वारा परिवर्तित होता है। शेष भाग मल के रूप में पिसकर बाहर आ जाता है। केंचुओं का चलन ऊपर से नीचे की ओर होता है। यह निकाले गये पदार्थ को दोबारा नहीं खाता है। केंचुए अपनी विष्ठा को मल के रूप में निरन्तर बैड के धरातल पर छोड़ते रहते हैं तथा नये जगह से वापिस प्रवेश कर जाता है। एक दिन में अपने शारीरिक वजन का चार से पांच गुना खाता है।

केंचुआ खाद बनाने के लिये चाहियेः केंचुआ घर का स्थान चिड़ियों, कीट व भक्षक जीवों से सुरक्षित हो।

- छायादार स्थान
- गोबर
- जैविक पदार्थ या कृषि अपशिष्ट
- केंचुए
- पानी
- क्यारी का तापमान 25 से 30 डिग्री सेल्सियस
- कम रोशनी या अन्धेरा
- वातावरण में नमी 60 से 90 प्रतिशत
- जैव पदार्थ व गोबर में नमी 30 से 40 प्रतिशत
- स्वच्छ वायु प्रवाह

केंचुआ खाद बनाने की विधियांः केंचुआ खाद बनाने के लिये निम्नलिखित विधियां काम में ले सकते हैंः

1. सतही क्यारी व टैंक विधि

- क्यारी छायादार स्थान पर बनावें जहाँ पानी का भराव नहीं हो।
- क्यारी की ऊंचाई 0.5 मीटर, चौड़ाई 1 मीटर व लम्बाई सुविधानुसार रखें।
- नम गोबर या मिश्रित घास–फूस डालें तथा क्यारी को पूर्ण भर दें।
- क्यारी को नम व मुलायम बनाए रखने के लिये पर्याप्त पानी छिड़कें ताकि जैव पदार्थ गर्म न रहें।
- क्यारी भरने के 3 से 5 दिन बाद आवश्यकतानुसार केंचुए छोड़ें। आमतौर पर 1 मीटर लम्बी, 1 मीटर चौड़ी जिसकी ऊंचाई 1 / 2 मीटर हो, उस क्यारी में 1200 से 2000 केचुए या 3 किलो वर्मी कल्चर डालें।
- केचुए छोड़ने के एक दिन बाद क्यारी को टाट या मोटे घास–फूस से ढंक दें।

2. ढ़ेरी व कतार विधि

- जैविक पदार्थ व गोबर की 10 से 15 मीटर लम्बी व 1 मीटर चौड़ा बिछौना (कतार) बनावे। बिछौना की ऊँचाई 1 मीटर से ज्यादा न हो।
- दो कतारों के बीच 1 मीटर जगह छोड़ें।

- कतार में नम जैविक पदार्थ व गोबर मिलाकर बिछाए।
- कतार में नमी बनाए रखने के लिये पर्याप्त पानी छिड़के ताकि जैव पदार्थ ठंडा हो जाए।
- कतार बनाने के 3 से 5 दिन बाद केंचुए मिले जैविक पदार्थ को डालें।
- कतार को केलों के पत्तों या सूखी घास–फूस या टाट से ढंक दें।

केंचुआ खाद अलग कैसे करें?

- यदि क्यारी के धरातल पर बहुत बारीक काले रंग का या चाय की पत्ती जैसी कास्टिंग दिखाई दे तो समझ लें केंचुओं ने खाना शुरू कर दिया।
- जब क्यारी में 3 से 4 इंच गहराई तक वर्मीकास्टिंग बन जाय तब इसकी ऊपरी परत क्यारी के किसी एक साइड में इकट्ठा कर या उतार लेनी चाहिये।
- वर्मीकम्पोस्ट को शंकु के आकार में इकट्ठा करने के 3–4 दिन पूर्व से पानी छिड़कना बंद कर दें एवं ऊपरी सतह को सूखने दें तथा मिश्रण को रेतो छानने की छन्नी से छान लें।
- खाद उतारने के बाद पंजे से बैड को कुरेद देवें ताकि गोबर/मिश्रित घास–फूस ढीला हो जाएं तथा वायु का संचार हो सके एवं केंचुओं का संवर्धन भो होता रहे।
- इस प्रकार से 1 से 2 माह के अंदर ही गोबर एवं गोबर मिश्रित घास–फूस पत्तियां, वानस्पतिक अवशेष एवं कचरा आदि वर्मीकम्पोस्ट में बदल जाते हैं।

सारणी 1. पोषक तत्व का तुलनात्मक अध्ययन

खाद की किस्म	**पोषक तत्व (प्रतिशत)**		
	नत्रजन	**फास्फोरस**	**पोटाश**
केंचुआ खाद	2.5 – 3.0	1.5 – 2.0	1.5 – 2.0
गोबर की खाद	0.5 – 0.9	0.2 – 0.25	0.5 – 0.8
कम्पोस्ट खाद	0.5 – 1.5	0.5 – 0.9	1.2 – 1.4

केंचुआ खाद का उपयोगः वर्मीकम्पोस्ट एक आदर्श जैविक खाद है परन्तु फिलहाल खाद बहुत ही कम मात्रा में उपलब्ध है। अतः इसका उपयोग ऐसे कृषि–कार्यों हेतु करना चाहिए जो बहुत ही महत्वपूर्ण है।

प्रयोग का तरीकाः खेतों में बुवाई से पहले या खड़ी फसल मे दो–तीन पत्ती आने पर इसका छिड़काव या भुरकाव करना चाहिए।

विभिन्न प्रकार की खेती में केंचुआ खाद निम्न मात्रा में देंः

1. सामान्य फसलें : 3–5 टन प्रति हैक्टेयर
2. सब्जियां : 5–8 टन प्रति हेक्टेयर
3. फलदार वृक्ष : 3–5 किलो प्रति पौधा
4. फूलों की क्यारियां : 3–5 किलो प्रति वर्गमीटर
5. सजावटी गमले : 200 ग्राम प्रति गमला

सारणी 2. यूरिया का वर्मीकम्पोस्ट के साथ तुलनात्मक अध्ययन

योगदान/कार्य	
100 किलो यूरिया खेत में डालने पर	**100 किलो वर्मी कम्पोस्ट खेत में डालने पर**
1. 40–50 किलो यूरिया तो अमोनिया आदि गैस बनकर वायुमण्डल में उड़ जाती है जो वायुमण्डल को प्रदूषित करती है।	गैसेस हानि अमोनिया (NH^{+}_{3}) आदि के रूप में नहीं होती है।
2. 20–25 किलो भूमि से रिसकर भू–जल में नाइट्रेट विषाक्तता पैदा करती है।	जीवांश पदार्थों की मात्रा में वृद्धि जिससे नत्रजन रिसाव नहीं तथा जल में नाइट्रेट विषाक्तता पैदा नहीं होती है।
3. 20–25 किलो पौधे द्वारा उपयोग कर ली जाती है।	कुल मात्रा की 30 से 35 प्रतिशत पहले वर्ष, 35–40 प्रतिशत दूसरे वर्ष व 20–25 प्रतिशत नत्रजन तीसरे वर्ष प्राप्त होती रहती है।
4. यूरिया से यदि नत्रजन उपलब्ध कराये तो प्रति किलो नत्रजन हेतु 49 रु खर्च करने पडेंगे साथ ही पर्यावरण को ठीक करने के लिए लाखों रु खर्च करने होंगे।	25–30 रुपये में नत्रजन, फॉस्फोरस व पोटाश की एक किलो मात्रा पौधों को उपलब्ध होंगे।
5. यूरिया से पर्यावरण को नुकसान।	वर्मीकम्पोस्ट से पर्यावरण को नुकसान नहीं।
6. यह प्रकृत्ति का निःशुल्क उपहार है परन्तु कृत्रिम रूप से बनाया जाता है।	यह प्रकृति का निःशुल्क उपहार है।
7. यूरिया से नत्रजन की सम्पूर्ण मात्रा चालू सीजन में ही उपलब्ध होती है।	वर्मीकम्पोस्ट से तीन वर्ष तक पोषक तत्व उपलब्ध होते रहते हैं (पहले वर्ष नत्रजन 1/3, फास्फोरस 2/3 और पोटाश 2/3 तक उपलब्ध होती है)

केंचुआ खाद की विशेषताएंः

- ❐ भूमि की उपजाऊ क्षमता में निरन्तर सुधार लाता है।

- इससे खेती की लागत में कमी, पानी की बचत, दीमक की समस्या का नियंत्रण, खरपतवार में कमी तथा उत्पादन में बढ़ोतरी, पोषक तत्व की संतुलित मात्रा में आपूर्ति इत्यादि कई लाभ हैं।
- केंचुए जमीन की प्राकृतिक रूप से जुताई करते हैं। साधारणतः एक केंचुआ एक दिन में 15 से 20 छिद्र बनाता है जिससे मिट्टी में भुरभुरापन आता है व पौधों की जड़ों को आसानी से वायु मिलती रहती है।
- इससे भूमि की जलधारण क्षमता, जीवाणुओं की संख्या तथा उर्वरता निरन्तर बढ़ती है एवं जल निकास भी सरल हो जाता है।
- केंचुआ खाद (कास्टिंग) पर एक विशेष प्रकार की पेरीट्रोपिक झिल्ली होती है जिससे जल वाष्पीकरण में कमी होती है। अतः सिंचाई की संख्या में कमी होती है।
- केंचुओं की आंतों का पी.एच.मान., तापमान व ऑक्सीजन की समुचित मात्रा होने के कारण सूक्ष्मजीवी प्रक्रिया भूमि की अपेक्षा 1,000 गुणा अधिक होती है जिससे खाद बनने की प्रक्रिया शीघ्र सम्पन्न होती है।
- इनका उपयोग कई प्रकार के रोग, जैसे गठिया, पथरी, पीलिया, बवासीर, पायरिया, अतिसार, नंपुसकता तथा मोटापा कम करने की औषधि के रूप में प्रयोग किया जाता है।
- केंचुए मिट्टी में विटामिन बी2 यानी सायनेकोबेलेमिन को मात्रा सात गुना तक बढ़ा देते हैं, जिससे पौधों पर रोगों के हमलों का असर नहीं होता है। फलस्वरूप वर्मीकम्पोस्ट के इस्तेमाल से पौधों में रोगों से लड़ने की क्षमता बढ़ जाती है, जिससे कीटनाशक दवाओं की उपयोगिता समाप्त हो जाती हैं।
- ये मिट्टी के बड़े–बड़े कणों को 2 माइक्रोन (एक मीटर के दस लाखवें भाग को माइक्रोन कहते हैं) तक तोड़ देते हैं।
- केंचुए का मूत्र जमीन में जैव विविधता को बढ़ावा देता है। इसका मूत्र फफूंद तथा अन्य कीड़ों का भी निषेध करता है।
- केंचुओं में मूत्र निर्माण की प्रक्रिया तो होती है लेकिन मूत्र विसर्जन की जगह नहीं होती जिसके कारण उनके शरीर से लिसलिसा पदार्थ निकलता है जो वास्तव में उनका मूत्र होता है जिसे कुछ वैज्ञानिकों ने यूरेका नाम दिया गया है। इस यूरेका नामक लिसलिसे पदार्थ की वजह से केंचुआ कचरे व गंदगी में रहने के बावजूद फफूंद से बचा रहता है।
- केंचुओं की गतिविधियां जमीन में मौजूद हानिकारक रासायनिक अवशेषों को प्रभावहीन बनाती हैं।
- फर्टिलाइजर एसोसिएशन ऑफ इंडिया की एक रिपोर्ट के अनुसार केंचुए न सिर्फ मिट्टी की उर्वराशक्ति बढ़ाते हैं, बल्कि बी.एच.सी. (बेंजीन हेक्साक्लोराइड),

ड़ी.डी.टी. (डाइक्लोरोडाइफिनाइल ट्राइक्लोरोईथन) इत्यादि जैसे अत्यधिक स्थायी एवं घातक कीटनाशी रसायनों के प्रभाव को भी कम कर देता है।

- केंचुए की गतिविधियों के चलते मिट्टी में मौजूद एजोटोबेक्टर, फास्फोबेक्टर, नाइट्रोफाईंग बैक्टीरिया इत्यादि सूक्ष्मजीवों की क्रियाशीलता बहुत अधिक बढ़ जाती है। इनकी मौजूदगी में उपयोगी बैक्टीरिया और एक्टीनोमाइसिस की संख्या मिट्टी में पहले की अपेक्षा कई गुना व अधिक हो जाती है।
- केंचुए द्वारा उत्सर्जित रेजिन जैसा पदार्थ वास्तव में एक प्रकार का पॉलीसैकेराइड होता है जिसे केंचुए की आंतों में पाये जाने वाले बैक्टीरिया उत्पन्न करते हैं। यह पदार्थ मृदा कणों के लिए गोंद का काम करता है और मृदा अपरदन को रोकता है।
- केंचुए मछली पालन में सहायक होते हैं, क्योंकि ये मछली का उत्तम भोजन बन सकते हैं।
- केंचुए का उपयोग दवा बनाने के लिए भी किया जाता है।

केंचुओं के शत्रुः साँप, चींटी, चूहा, पक्षी, लीजार्डस, मेंढक, कुत्ता, कसारी, सेन्टीपेड्स इत्यादि।

नियंत्रण

- केंचुआ खाद की टंकी या वर्मीबेड को तार वाली शेड नेट से ढंकें ताकि चूहा, सांप, पक्षी, लिजार्ड्स एवं कुत्तों द्वारा होने वाले नुकसान से बचाया जा सके।
- ढ़ेरी या केंचुआ यूनिट के चारों ओर कटेली शाखा वाले थॉर्नी पौधों या बारबेड तारों की बाड़ (फेंन्स) लगावें। केंचुआ यूनिट के चारों ओर रासायनिक पाउडर का प्रयोग करें।
- वर्मीबेड या यूनिट के चारों ओर 2x2 फीट की गहरी व चौड़ी खाई (ट्रेन्च) लगावें।

दीमक का नियंत्रणः इसकी रोकथाम हेतु निम्न उपाय अपनाइये।

- वर्मीबेड मे अधिक पानी का प्रयोग करें।
- जहां वर्मीबेड बनावे उस जगह के फर्श को जले हुये ऑयल तेल से पुताई कर देवें।
- दीमक नियंत्रण में छाछ का प्रयोग भी कर सकते हैं।
- दीमक को यूनिट के आसपास से भगाने हेतु रिपेलेन्ट कीटनाशक दवा से भीगा हुआ गीला कपड़ा या सोगी को भी काम में ले सकते हैं।

❑❑❑

केंचुआ खाद इकाई

वर्मीकल्चर

वर्मीकम्पोस्ट की बेड विधि

कृषि प्रसार कार्यकर्ता प्रशिक्षण प्राप्त करते हुए

कृषि प्रसार कार्यकर्ता प्रशिक्षण प्राप्त करते हुए

अध्याय 5

नाडेप कम्पोस्ट

यह विधि ग्राम पुसर, जिला यवतमाल, महाराष्ट्र के नारायण देवराव पठढरी पांडे द्वारा विकसित की गई है। इस विधि में कम से कम गोबर का उप्योग करके फसल अवशेषों को सड़ाकर अधिक मात्रा में अच्छी खाद तैयार की जा सकती है। कृषि में रासायनिक उर्वरकों व कीटनाशकों के उपयोग ने कृषक को इतना आदी बना दिया है कि वह इन्हें पूर्ण विकल्प समझकर, गोबर–गौमूत्र, कम्पोस्ट व हरी खाद की अनिवार्यता भूला बैठा है। भूमि को उपरोक्त प्राकृतिक भोजन न दिए जाने के कारण हमारी भूमि की उर्वरता कम हो गई है। जैविक खादों में सूक्ष्म पोषक तत्वों सहित अनेक प्रकार के हारमोन तत्व पाए जाते हैं। इनके प्रयोग से मृदा के भौतिक, रासायनिक एवं जैविक गुणों पर अच्छा प्रभाव पडता है। इसके उपयोग से मृदा में जल व पोषक तत्वों की धारण क्षमता में भी वृद्दि होती है। दलहनी फसलों की जड़ों में गांठें अधिक बनती हैं जिससे वायुमंडलीय नत्रजन का अवशोषण अधिक होता है। तैयार नाडेप कम्पोस्ट में नाइट्रोजन 0.5 से 1.5 प्रतिशत, फास्फोरस 0.5 से 0.9 व पोटैशियम 1.2 से 1.4 प्रतिशत तथा सूक्ष्म पोषक तत्व पाए जाते हैं। 1 किलोग्राम गोबर से 30 किलोग्राम नाडेप कम्पोस्ट खाद बनती है।

टांका बनानाः जहां पानी नहीं भरता हो, वहां पर जमीन के ऊपर ईंट का एक आयताकार टांका बनाया जाता है जिसकी दीवारें 9 इंच चौड़ी होती हैं। यह टांका 12 फुट लम्बा, 5 फुट चौड़ा, 3 फुट ऊँचा बनाया जाता है। अर्थात् आयतन 180 घन फुट होता है। टांके को बनाते समय नीचे की दो ईंटें जोड़ने के पश्चात् हवा के आवागमन हेतु तीसरी ईंट के समय प्रत्येक ईंट के बाद लगभग 7 इंच का छेद चारों तरफ की दीवारों में छोड़ना चाहिए। चौथी ईंट की जुड़ाई इस प्रकार करनी चाहिए कि इसमें बने छेद तीसरी ईंट में बने छेदों के मध्य होना चाहिए। इस प्रकार ईंटों को जोड़ते समय तीसरे. छठे एवं नवें रद्दे में लम्बाई की तरफ प्रत्येक में 8–10 तथा चौड़ाई की तरफ 4–5 छेद बनायें। छेदों की संख्या बढ़ने से खाद जल्दी पकती है। टांके के अन्दर व बाहर की दीवारों व फर्श की गोबर से लिपाई करनी चाहिए तथा सूखने पर प्रयोग करें। टांका में ईंटों की जुड़ाई मिट्टी से करे तथा आखिरी रद्दा सीमेन्ट से करना चाहिए। टांके के फर्श को भी ईंट, पत्थर से कूटकर सख्त करें जिससे पानी का रिसाव के साथ पोषक तत्व रिसकर नष्ट न हो। टांके को छायादार स्थान में बनाना चाहिए एवं धूप व वर्षा से भी बचाना चाहिए।

कम्पोस्ट बनाने में प्रयोग होने वाली आवश्यक सामग्री

1. वानस्पतिक पदार्थ, जैसे–पौधों के सूखे पत्ते, टहनियाँ, जड़ें, छिलके, डंठल, खरपतवार, भूसा, सब्जियों के छिलके, गौशाला का बिछावन एवं घास आदि 1500–2000 किलोग्राम। इसमें कांच, पत्थर व प्लास्टिक आदि नहीं होने चाहिए।
2. गोबर या गोबर गैस संयंत्र से निकले गोबर के घोल 90–100 किलोग्राम (8–10 टोकरे) को भी प्रयोग में लाया जा सकता है।
3. सूखी छनी खेत की मिट्‌टी/भुरभुरी काली मिट्‌टी 1750 किलोग्राम। कांच प्लास्टिक व कंकड़ पत्थर नहीं होने चाहिए या पशुओं के मूत्र से सनी मिट्‌टी विशेष लाभकारी होती है।
4. 1500–2000 लीटर पानी ऋतु अनुसार।
5. जिप्सम 100 किलोग्राम या रॉक फास्फेट 200 किलोग्राम या सिंगल सुपरफास्फेट 50 किलोग्राम काम में लेवें।

कम्पोस्ट टांका भरने की विधिः कम्पोस्ट खाद सामग्री एकत्र करने के बाद नीचे बताए गये क्रमानुसार टांका भरें। क्रम में फेरबदल न करें। खाद सामग्री एक या दो दिन में पूरी तरह टांके में भरकर सील कर दें। आधा काम छोड़ देने से कम्पोस्ट खाद बनने की क्रिया में बाधा आती है। यह सड़ाने की नहीं, बल्कि पकाने की क्रिया है। विशेष परिस्थितियों में भी गड्ढे की भराई 3–4 दिन में पूरी कर लेना चाहिए।

प्रथम भराईः सर्वप्रथम टांके के अन्दर की दीवारों एवं फर्श पर गोबर–पानी का घोल 8–10 किलोग्राम गोबर व 100–125 लीटर पानी मे छिड़कर भली–भांती गीला कर लेना चाहिए।

पहली परत (फसल अवशेष): वानस्पतिक पदार्थ की 6 इंच मोटी परत बिछावें। इस परत में 100–125 किलोग्राम सामग्री आती है। इसके साथ नीम व पलाश की पत्तिया मिलाना लाभदायक होता है।

दूसरी परत (गोबर का घोल): 125–250 लीटर पानी में 10 किलोग्राम गोबर घोलकर पहली परत पर इस प्रकार छिड़कते हैं कि पूरा वानस्पतिक स्तर अच्छी तरह भीग जाए। गोबर गैस की स्लरी भी 10 लीटर प्रयोग की जा सकती है। गर्मी के मौसम में पानी का अंश अधिक रखें।

तीसरी परत (मिट्‌टी की परत): दूसरी परत पर 60–70 किलोग्राम सूखी छनी हुई मिट्‌टी या भुरभुरी काली मिट्‌टी समतल बिछाकर पानी छिड़क कर गीला कर देते हैं जिसकी मोटाई 1–2 इंच रखना चाहिए। टांके को इसी प्रकार तीन परतों के क्रम

में टांके की ऊंचाई से 1 से 1.5 फुट तक झोपड़ीनुमा आकार में भरते हैं। टांका ऊपर तक भरने के बाद 2 से 3 इंच मोटी मिट्टी की परत जमाकर गोबर से लिपाई करते हैं जिससे इसमें दरारें न पड़ें। दरारे पड़ने पर पुनः लीप दें।

द्वितीय भराई: प्रथम भराई के 20–22 दिन बाद जब गड्ढे में भरी खाद सामग्री सिकुड़कर टांके के मुँह से नीचे आ जाती है तब पहली भराई की तरह पुनः तीन परतों की भराई प्रक्रिया अपनाते हैं तथा टांके को मुँह से डेढ़ फीट ऊंचाई तक भरकर 3 इंच मिट्टी की परत देकर झोपड़ी का आकार देकर बंद कर देते हैं। टांके को धूप तथा वर्षा से बचाने के लिए अस्थायी छप्पर से ढंक देना चाहिए। कम्पोस्टिंग प्रक्रिया के दौरान टांके को छेड़ना नहीं चाहिये। इस प्रकार टांके को पूर्ण भरने के लिए लगभग 11–15 परतों की आवश्यकता होती है। नाडेप कम्पोस्ट को पकने में 100–120 दिन का समय लगता है। इस पूरे समय में नमी बनाए रखने व दरारें बन्द करने के लिए गोबर–पानी का छिड़काव करते रहना चाहिए ताकि टांके के अन्दर की नमी व तापमान बना रहे। यदि घास उग आए तो उसे निकाल देना चाहिए। इस प्रकार तीन माह के पश्चात जब कम्पोस्ट लगभग तैयार हो जाए तो पी.एस.बी. जैव उर्वरक का घोल (1 किलोग्राम) बनाकर बांस या पाइप से कम्पोस्ट के मध्य में छिद्रों द्वारा डालनी चाहिए। ऐसा करने पर सम्पूर्ण कम्पोस्ट में लाभदायक जीवाणुओं की संख्या में वृद्वि हो जाती है तथा नाडेप कम्पोस्ट की गुणवत्ता में भी वृद्धि होगी।

खाद की परिपक्वता एवं प्रयोग विधि: एक गड्डे से 12–15 टन तक नाडेप कम्पोस्ट प्रति वर्ष तैयार किया जा सकता है। इस खाद को एक वर्ग फुट में 35 छेद वाली चलनी से छानकर छना हुआ कम्पोस्ट काम में लेना चाहिए। एक टांके से 25–30 क्विंटल अच्छी सड़ी हुई खाद तैयार होगी जो एक एकड़ खेत के लिए पर्याप्त होगी। 3–4 महीनों में गहरे भूरे रंग की खाद बनकर तैयार हो जाती है।खाद में दुर्गन्ध समाप्त होकर अच्छी खुशबू आती है, लेकिन खाद सूखनी नहीं चाहिए। इसमें 15–20 प्रतिशत नमी बनाये रखना चाहिए। तैयार कम्पोस्ट को बाहर निकालने के बाद इसमें राइजोबियम व एजोटोबेक्टर कल्चर 1–1 किलोग्राम मिलाकर 3 से 4 दिन ढेर बनाकर छायादार स्थान में रखने के बाद प्रयोग करना लाभदायक होता है। नाडेप कम्पोस्ट पर्याप्त मात्रा में उपलब्ध होने पर प्रति एकड़ प्रति फसल 30 से 50 क्विंटल खाद बुवाई के 15 दिन पहले खेत में फैलाकर व हल चलाकर मिट्टी में अच्छी तरह से मिला देनी चाहिए। कम्पोस्ट खाद पहले वर्ष में 33 प्रतिशत, दूसरे वर्ष में 45 प्रतिशत तथा तीसरे व चौथे वर्ष में 22 प्रतिशत लाभ देती है। इस प्रकार पूरे लाभ के लिए यह खाद लगातार प्रयोग करते रहना चाहिए।

सावधानियाँ

- नाडेप कम्पोस्ट टांके में सामग्री भरते समय कड़वी, नीम के पत्तों को विभिन्न परतों में डालना चाहिए जिससे दीमक व अन्य कीड़ों से बचाव हो सके।
- टांके के ऊपरी झोपड़ीनुमा भाग में यदि दरारें पड़ें तो पुनः गोबर मिश्रण की लिपाई करनी चाहिए। अर्थात् टांके को सील करना नहीं भूलना चाहिए।
- खाद सूखना नहीं चाहिए, इसमें 15–20 प्रतिशत नमी बनाए रखनी चाहिए अन्यथा नमी के अभाव मे किण्वण की क्रिया धीमी हो जायेगी।
- कम्पोस्ट को टाँके से निकालकर खुली जगह में नही रखना चाहिए।
- तैयार कम्पोस्ट खाद का प्रयोग करते समय तेज धूप नही होनी चाहिए तथा इसे खेत में बिखेरकर तुरन्त जुताई कर मिट्टी में मिला देनी चाहिए।
- गड्ढे ऊंचाई वाले स्थान पर बनाना चाहिये जिससे वर्षा के दिनों में उसमें पानी नहीं भरे।
- कच्ची कम्पोस्ट खेत में प्रयोग नहीं करना चाहिये। कम्पोस्ट को निश्चित समय अवधि में पकने के बाद ही रंग, गंध आदि देखकर खेत में डालना चाहिए।

लाभ

- मिट्टी में जीवांश/कार्बनिक पदार्थ की मात्रा बढ़ाता है।
- कम्पोस्ट भूमि की भौतिक, रासायनिक व जैविक दशा को सुधारती है ।
- इसके प्रयोग से सूक्ष्म पोषक तत्वों की आपूर्ति होती है।
- प्रदूषण से छुटकारा तथा खाद की समस्या का कुछ हद तक राहत मिलना।
- नाडेप खाद में पोषक तत्व गोबर की खाद की तुलना में 2–3 गुणा ज्यादा होता है।
- मृदा की जल धारण एवं जल संचयन क्षमता बढ़ती है।
- पोषक तत्वों को धीरे–धीरे लगभग तीन वर्षा तक उपलब्ध कराते हैं।
- मृदा में विनिमय कैल्शियम की मात्रा बढ़ाते हैं जिससें लवणीय व क्षारीय मिट्टी में सुधार होता है।
- सूक्ष्म जीवों की सक्रियता एवं भूमि में कार्बन : नत्रजन अनुपात में बढ़ोतरी होती है।

❑❑❑

नाडेप कम्पोस्ट

नाडेप कम्पोस्टिंग

फार्म अवशेष से बायो–कम्पोस्ट बनाना

कम्पोस्ट को छलना से अलग करना

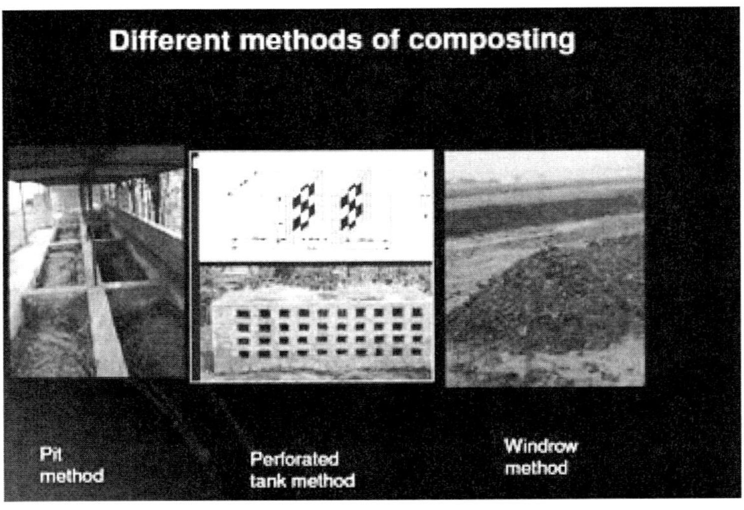

अध्याय 6

नाडेप फास्फो कम्पोस्ट

नाडेप फास्फो कम्पोस्ट, नाडेप के समान ही कम्पोस्ट तैयार करने की विधि है। अन्तर केवल इतना है कि रॉक फास्फेट का उपयोग अन्य सामग्री के साथ किया जाता है जिसके फलस्वरूप तैयार कम्पोस्ट से स्फुर की मात्रा बढ़ जाती है। नाडेप फास्फो कम्पोस्ट एक जैविक एवं प्राकृतिक खाद है। इसका निर्माण फसल अवशेषों नें रॉक फास्फेट जैसे खनिज पदार्थों को मिलाकर तथा सूक्ष्म जीवियों के **निसैशन** के माध्यम से अघुलनशील तत्वों को घुलनशील तत्वों में बदला जाता है जिससे ये तत्व पेड़–पौधों को आसानी से उपलब्ध हो जाते हैं। इस विधि से बनाई गई कम्पोस्ट में नत्रजन एवं स्फुर अधिक मात्रा में उपलब्ध होती है। नाडेप फास्फो कम्पोस्ट बनाने के लिये प्रत्येक परत के ऊपर 12–15 किलोग्राम रॉक फास्फेट या 6–7 किलो जिप्सम या 3–4 किलो एस.एस.पी. फैलाया जाता है। शेष विधि नाडेप टांके की तरह ही है। एक नाडेप में 200 किलो रॉक फास्फेट या 100 किलो जिप्सम या 50 किलो एस.एस.पी. की आवश्यकता होती है जिससे खाद में स्फुर की मात्रा बढ़ जाती है।

❑❑❑

अध्याय 7

सुपर कम्पोस्ट

कम्पोस्ट में फास्फोरस की मात्रा बढ़ाने तथा लम्बे समय तक पौधों के लिए उपलब्ध रूप मे बनाये रखने के उद्देश्य से कार्बनिक पदार्थों के साथ जिप्सम, रॉक फास्फेट या सिंगल सुपरफास्फेट मिलाकर तैयार की गई कम्पोस्ट सुपर कम्पोस्ट कहलाती है।

आवश्यक सामग्री

1. फसल अवशेष, गोबर, मूत्र, कूड़ा–करकट, पुआल, बिछावन, राख, मिट्टी, पानी आदि काम में ले सकते हैं।
2. जिप्सम 100 किलोग्राम या रॉक फॉस्फेट 200 कि.ग्रा. या सिंगल सुपरफास्फेट 50 कि.ग्रा. चाहिये।
3. ऐसा कल्चर जिसमें वायुवीय तथा अवायुवीय परिस्थितियों में सड़ाने वाले जीवाणु हों, उसे काम में लें।

सारणी 1. पशुओं की संख्या अनुसार गड्ढों की लम्बाई

पशु	लम्बाई (फीट मे)	स्टैण्डर्ड साईज (वर्ग फीट)
2–6	15	10X6X3
7–15	20	(180 घन फीट)
12 से अधिक	25	

गड्ढे का आकारः गड्ढा जहां पानी इकट्ठा नहीं होता हो वहां तैयार करना चाहिये। गड्ढे के धरातल को कूटकर सख्त बना दें तथा दीवारों को गोबर से लीप देना चाहिए। सुपर कम्पोस्ट बनाने के लिए 12X5X3 फीट का एक गड्ड़ा तैयार करें।

विधिः गड्ढे के तल पर एक परत सड़े गोबर की लगावें। इस परत पर पशुओं के चारा अवशेष, गोबर आदि वानस्पतिक कचरे की 6 इंच से 1 फीट मोटी परत बिछावें, उसके ऊपर पर्याप्त मात्रा में पानी छिड़क कर उस परत को गीली कर दें। इस परत के ऊपर एक तिहाई मात्रा सुपर या रॉक फास्फेट या जिप्सम की समान रूप से बिखेर दें। इसके बाद पुनः

वानस्पतिक कचरे की परत लगावें तथा सुपरफास्फेट की परत लगावें। इस परत के ऊपर मिट्टी, राख, कल्चर बिखेर कर पर्याप्त पानी डालें। इस प्रकार गड्ढे को 1–1.5 फीट उंचाई तक भरने के बाद मिट्टी से ढंक देवें। गोबर व मिट्टी मिलाकर लीपकर गड्ढे को बंद कर देवें। नमी बनाये रखने के लिए गर्मी के मौसम में 15–20 दिन में पानी छिड़कते रहें। करीब 3–4 माह में वानस्पतिक कचरा अच्छी तरह से सड़कर अच्छी सुपर कम्पोस्ट खाद तैयार हो जावेगी जिसे खेत में जुताई से पूर्व बिखेर कर जुताई कर अच्दी तरह मिला दें सुपर कम्पोस्ट में गोबर की खाद की तुलना मे अधिक मात्रा मे फास्फोरस व अन्य पोषक तत्व होते हैं।

लाभ एवं सावधानियांः नाडेप कम्पोस्ट की विधि में दी जा चुकी है।

कम्पोस्ट गड्ढा

एनरिच्ड कम्पोस्ट

तैयार कम्पोस्ट

तैयार सुपर कम्पोस्ट

कम्पोस्ट

कन्पोस्ट पिट

सुपर कम्पोस्ट

सुपर कम्पोस्ट

अध्याय 8

गोबर की खाद

गोबर की खाद (फार्म यार्ड मेन्यो या पशु खाद) का प्रयोग हमारे देश में अन्य जैविक खादों की अपेक्षा अधिक होता है, तथा काफी प्राचीनकाल से होता आया है। गोबर की खाद से तात्पर्य ऐसी खाद से है, जिसमें गाय, भैंस, बैल, भेड़, बकरी, ऊंट, घोड़ा आदि पशुओं का ठोस तथा द्रव मल–मूत्र को किसी शोख पदार्थों से, जैसे– बिछावन, पुआल, भूसा, पेड़–पौधों की पत्तियां, रेत आदि से मिला कर तैयार करते हैं।

गोबर की खाद के मुख्य घटकः गोबर की खाद के तीन मुख्य घटक (अवयव) हैं:

1. **गोबरः** पशुओं के मल (गोबर) के ठोस पदार्थ में कई अघुलनशील एवं बिना पचे खाद्य पदार्थ होते हैं। इसके अतिरिक्त कुछ क्षारीय लवण कैल्शियम आदि मिलते हैं। नाइट्रोजन फास्फोरस एवं पोटैशियम की मात्रा तालिका 1 में दी गई है।
2. **मूत्रः** मूत्र का मुख्य घटक (अवयव) यूरिया है, यह दो प्रतिशत पाया जाता है। इसके अलावा मूत्र में अनेक रासायनिक पदार्थ घुलनशील अवस्था में होते हैं मूत्र में पाए जाने वाले नाइट्रोजन, फास्फोरस एवं पोटैशियम की मात्रा तालिका में दी गई है।
3. **बिछावनः** पशुओं के मूत्र को शोषित करने के लिए बिछावन का प्रयोग करते हैं। बिछावन मूत्र की गैस आदि को अपने अन्दर शोषित करती है। बिछावन में पौधों के आवश्यक भोजन तत्व भी उपलब्ध अवस्था में पाये जाते हैं। इसलिए बिछावन से गोबर की खाद के गुणों में भी सुधार होता है। बिछावन से खाद के ढेर में वायु का संचार अच्छा होता है, जिससे जीवाणु की क्रियाशीलता बढ़कर खाद सड़ाने में मदद मिलती है।

सारणी 1. पशुओं के ताजा गोबर एवं मूत्र में पोषक तत्व

पदार्थ	गोबर (प्रतिशत)	मूत्र (प्रतिशत)
जल	70 से 80	97 से 98
ठोस पदार्थ	20 से 30	2 से 3
नाइट्रोजन	0.3 से 0.7	0.4 से 1.35
फास्फोरस	0.1 से 0.5	0.05 से 0.10
पोटैशियम	0.3 से 0.5	0.50 से 2.00

ऊपर की तालिका से यह साफ पता चलता है कि मूत्र में गोबर की तुलना में नाइट्रोजन एवं पोटैशियम की मात्रा अधिक होती है।

गोबर की खाद में पोषक तत्वः गोबर की खाद में सभी आवश्यक पोषक तत्व, जैसे कैल्शियम, मैगनीशियम, गंधक, लोहा, तांबा, जस्ता, मैंगनीज आदि सूक्ष्म मात्रा में पाए जाते हैं। मुख्य तत्वों, जैसे– नाइट्रोजन, फास्फोरस एवं पोटैशियम की सूक्ष्म मात्रा पशुओं के मल–मूत्र एवं बिछावन तथा उनको सड़ाने की विधि पर निर्भर करती है। फिर भी मुख्य तत्वों की औसत मात्रा गोबर की खाद में इस प्रकार हैः नाइट्रोजन 0.50 प्रतिशत, फास्फोरस 0.25 प्रतिशत, पोटैशियम 0.50 प्रतिशत

गोबर की खाद में उपस्थित तत्वों की मात्रा को प्रभावित करने वाले कारकः

1. **पशुओं की किस्मः** विभिन्न पशुओं के मल–मूत्र में तत्वों की मात्रा भिन्न–भिन्न होती है। अतः पशुओं के मल–मूत्र के आधार पर खाद की रचना में भिन्नता आ जाती है।
2. **पशुओं का भोजनः** पशुओं के मल–मूत्र की रचना उसके भोजन पर निर्भर होती है। जैसे– घास, भूसा, हरा चारा, खाने वाले पशुओं के मल से बनाई गई खाद में खली, बिनोला, चोकर खाने वाले पशुओं की अपेक्षा नाइट्रोजन अधिक होती है।
3. **पशुओं का कार्यः** खेती में काम आने वाले बैलों को और दूध देने वाले पशुओं को यदि बराबर मात्रा में खली खिलायें तो दूध देने वाले पशुओं के गोबर में खेती करने वाले पशुओं की तुला में तीन गुणा नाइट्रोजन व फास्फोरस एवं दस गुणा पोटैशियम पाया जाता है।
4. **पशुओं की आयुः** कम आयु के पशु अपने शरीर के निर्माण के लिए पोषक तत्व पचा लेते हैं, जबकि अधिक आयु वाले (बूढ़े) पशुओं के गोबर में अधितर तत्व बाहर निकल जाते हैं।
5. **बिछावनः** वनस्पति के बिछावन की रचना अलग–अलग होती है, अतः बिछावन के साथ–साथ खाद की रचना भी बदल जाती है।
6. **खाद संग्रह करने की विधिः** रिसना या उद्धिलन, किण्वन की क्रियाओं द्वारा पोषक तत्व नष्ट हो जाते हैं। नाइट्रोजन एवं पोटैशियम का नुकसान संग्रह के समय अधिक हो सकता है।

गोबर की खाद से पोशक तत्वों के ह्लांस से बचाव के उपायः

गोबर की खाद को तैयार करते समय तथा भण्डारण के समय होने वाली हानियों से बचाव के लिए निम्न उपाय करने चाहिएः

- मूत्र के अधिक शोषण हेतु बिछावन का प्रयोग अधिक मात्रा में करना चाहिए।
- अगर बिछावन का प्रयोग संभव न हो तो 5–7 दिन में ऊपर की मिट्टी उठाकर खाद के गड्ढे में डालना चाहिए।

- पशुशाला में सम्भव हो तो पक्का फर्श बनावें तथा मूत्र को नाली के माध्यम से इकट्ठा करके उपयोग करना चाहिए।
- खाद को उद्धिलन से बचाने के लिए पक्के गड्ढे में इकट्ठा करना चाहिए।
- खाद को वाष्पीकरण से बचाने के लिए गड्ढे ऊपर से बंद करना चाहिए।
- खाद को शुरू के 3–4 महीनों तक पलटना ही चाहिए।
- खाद में नमी की उचित मात्रा होनी चाहिए।
- गोबर की खाद बायो गैस विधि से तैयार की जानी चाहिए।
- गोबर के कंडे (उपले) बनाकर जलाने नहीं देने चाहिए।

गोबर की खाद तैयार करने की विधियां

1. **वर्तमान में प्रचलित विधिः** हमारे देश में गोबर की खाद तैयार करने का प्रचलित तरीका दोषपूर्ण है। मिट्टी द्वारा सोखा गया मूत्र तथा बचा हुआ चारा ढेर के रूप में या गलत तरीके के गड्ढों में इकट्ठे किये गए खाद के पोषक तत्वों का बहुत नुकसान होता है तथा खाद घटिया किस्म की होती है जिससे पौधों को बहुत कम मात्रा में पोषक तत्व मिलते हैं। गांवों में अधिकांश गोबर को ईंधन के रूप में काम में ले लेते हैं।

2. **संशोधित गड्ढा विधिः**

   अ) **गड्ढे का आकारः** एक पशु के लिए (3x2x1 मीटर) तीन मीटर लम्बा, दो मीटर चौड़ा तथा एक मीटर गहरा गड्ढा एक वर्ष के लिए पर्याप्त है। पशुओं की संख्या अधिक होने पर गड्ढों की गहराई, चौड़ाई अथवा लम्बाई नहीं बढ़ाकर उनकी संख्या बढ़ानी चाहिए।

   ब) **गड्ढे की बनावटः** कच्चे गड्ढ़ों से पोषक तत्वों का रिसकर होने वाले नुकसान से बचाव के लिए रेतीली भूमि में पक्के गड्ढ़े बनाने चाहिए। चिकनी भूमि में पक्के तथा कच्चे दोनों तरह के गड्ढ़े बनाये जा सकते हैं।

   स) **धूप एवं वर्षा से बचावः** छायादार स्थान पर तथा ऊंचे स्थान पर जहां वर्षा का पानी न आवे वहां गड्ढे बनाने चाहिए।

   द) **गड्ढे की भराईः** सबसे पहले गड्ढे के पैंदे पर 10 से 20 सेंमी. बचे हुए चारे या बिछावन की परत डालनी चाहिए। इसके बाद गोबर तथा मूत्र की 75 से 100 सेंमी. परत डालें। तीसरी बार पुनः बिछावन की 75 से 100 सेंमी. मोटी परत डालें। इस क्रम में गड्ढे की भराई भूमि सतह से 50 सेंमी. ऊंचाई तक करें।

इसके बाद समतल करके 10 सेंमी. मिट्टी की परत से गड्ढे को बंद कर देना चाहिए। गोबर की खाद गड्ढे में 5 से 6 महीने में सड़ कर तैयार हो जाती है।

3. **ट्रेंच विधिः** यह विधि डॉ. सी. एन. आचार्य द्वारा विकसित की गयी थी। इस विधि में 6.0x1.5x10 मीटर लम्बाई, चौड़ाई एवं गहराई की नालियां तैयार की जाती हैं। इस विधि में भी लम्बाई व चौड़ाई बढ़ सकती है, लेकिन गहराई नहीं बढ़ाई जाती है। इसमें बिछावन, मल–मूत्र आदि को गड्ढे के आधे भाग में भरते हैं। जब भरते–भरते गड्ढे का आधा भाग भूतल से आधा मीटर ऊंचा हो जाता है तो उसे गोलाकार रूप देकर गोबर तथा मिट्टी के मिश्रण से लेप कर देते हैं। आधा भाग भर जाने के बाद गड्ढे के दूसरे भाग को भी भर कर इसी तरह लेप कर देते हैं। इस विधि में विशेषता यह है कि जब तीन माह में दूसरा ढेर बनता है तो पहले ढेर की खाद गल–सड़ कर खेत में प्रयोग के लिए तैयार हो जाती है। गड्ढे का जब तक यह भाग भरता है, दूसरे भाग की खाद तैयार हो जाती है। इस तरह एक ही गड्ढे से पूरे वर्ष सड़ी हुई खाद खेत में देने के लिए प्राप्त हो सकती है। इस प्रकार तैयार की गई खाद में नाइट्रोजन की मात्रा 1 से 1.4 प्रतिशत तक होती है।

खाद की पहचानः अच्छी प्रकार से सड़ी हुई खाद की पहचान निम्न आधार पर की जाती हैः

1. खाद का कोई भी घटक (अवयव) अलग से दिखाई नहीं देता है।
2. खाद में किसी तरह की दुर्गन्ध नहीं आती है।
3. अच्छी तरह सडी हुई खाद भुरभुरी होती है।
4. खाद का रंग हल्का भूरा होता है।

गोबर की खाद के प्रयोग का समयः बुवाई के लगभग 2 से 4 सप्ताह पहले अच्छी तरह से सड़ी हुई गोबर की खाद का प्रयोग करना चाहिए। गोबर की खाद बुवाई से 2–3 महीने पहले प्रयोग करना अच्छा होता है। इससे मृदा में वायुसंचार एवं जल धारण क्षमता सुधरती है।

गोबर की खाद की मात्रा एवं प्रयोग की विधिः फसल, उसकी किस्म, मृदा की किस्म, किसान की आर्थिक स्थिति आदि को ध्यान में रखते हुए गोबर की खाद की मात्रा को तय करते हैं। साधारणतया सभी फसलों में 5 से 10 टन प्रति हैक्टेयर व सब्जियों के लिए 20 से 25 टन प्रति हैक्टेयर तक की मात्रा देते हैं। खेत में इसको समान रूप से छिड़क कर मिट्टी में मिलाने के लिए हल से जुताई करनी चाहिए। भारी मिट्टी में खाद कम गहराई पर एवं बलुई मृदा में अधिक गहराई तक खाद दबाई जाती है।

सारणी 2. जैविक खादों एवं उर्वरकों में अन्तर

जैविक खादें	रासायनिक उर्वरक
1. जैविक खादों में कार्बन का अंश पाया जाता है।	इनमें कार्बन का अंश नहीं पाया जाता है।
2. इनमें पौधों के लिए आवश्यक सभी पोषक तत्व उपस्थित रहते हैं।	इनमें पौधों के लिए आवश्यक एक या दो तत्व पाए जाते हैं।
3. इनमें उपस्थित पौधों के लिए आवश्यक पोषक तत्व प्रयोग करने के कुछ समय बाद विघटन होने के पश्चात पौधों को प्राप्त होते हैं।	इनमें उपस्थित पोषक तत्व प्रयोग करने के तत्काल बाद मिलने लगते हैं।
4. इनमें पोषक तत्व की प्रतिशत मात्रा बहुत कम पाई जाती है ।	इनमें पोषक तत्वों की अपेक्षाकृत अधिक मात्रा पाई जाती है।
5. इनके द्वारा दिया गया पोषक तत्व पौधे को धीरे–धीरे प्राप्त होते हैं और उनका प्रभाव 1–2 वर्ष तक रहता है।	इनसे पोषक तत्व मृदा में नमी होने पर शीघ्र प्राप्त होते हैं और इनका प्रभाव अधिक दिनों तक नहीं रह पाता है
6. इनके प्रयोग से भूमि की भौतिक दशा ठीक होती है।	इनके प्रयोग से भूमि की भौतिक दशा में कोई सुधार नहीं होता है।
7. इनके प्रयोग से भूमि में लाभदायक जीवाणुओं की संख्या में वृद्धि होती है।	इनके प्रयोग का लाभदायक जीवाणुओं पर कोई प्रभाव नहीं पड़ता है। कभी–कभी भूमि की अम्लीयता या क्षारीयता में वृद्धि होने से जीवाणुओं पर प्रतिकूल प्रभाव पड़ता है।
8. इनके प्रयोग से भूमि की जल धारण क्षमता बढ़ती है, जिससे पौधे पानी की कमी की स्थिति में अधिक दिनों तक सहन कर सकते हैं।	उर्वरकों का भूमि की जलधारण क्षमता पर कोई प्रभाव नहीं पड़ता है।
9. इनके प्रयोग से मृदा तापक्रम बढता है तथा सूर्य की उष्मा शोषित करने की शक्ति बढ़ती है जो फसलों के लिए लाभदायक है।	इनका मृदा ताप पर कोई प्रभाव नहीं पड़ता है।
10. इनके प्रयोग से मृदा में वायु संचार बढ़ता है, जिससे पौधे तथा मिट्टी में पाए जाने वाले लाभदायक जीवाणुओं की क्रियाशीलता बढ़ती है।	इनके प्रयोग से वायु संचार पर कोई प्रभाव नहीं पड़ता है।
11. ये खादें फार्म पर तैयार की जाती हैं, जो अपेक्षाकृत सस्ती होती हैं और इनकी अधिक मात्रा आवश्यक होती है।	ये कारखानों में बनाई जाती हैं, जो महंगी होती हैं और इनकी अपेक्षाकृत कम मात्रा की आवश्यकता होती है।
12. इन खादों को फसल के बोने से एक से ढ़ाई माह पहले डाला जाता है। कुछ खादों का प्रयोग बुवाई के सप्ताह के अंदर किया जाता है।	इन्हें बुआई के पूर्व नहीं डाला जाता है। फसलों की बुआई के समय या खड़ी फसल में इनका प्रयोग अच्छा रहता है।

13. इनसे भूमि का कार्बनः नाइट्रोजन अनुपात ठीक रहता है, जिससे फसलों पर समय से फल–फूल आते हैं।	इनसे इस प्रकार का प्रभाव नहीं पड़ता है।
14. पौधों के लिए आवश्यक सभी पोषक तत्व सन्तुलित मात्रा में पाए जाते हैं, जिससे फसलों की अच्छी वृद्धि होती है।	इनसे सन्तुलित मात्रा में पोषक तत्व के नहीं पाए जाने से पौधों की वृद्धि सन्तुलित नहीं हो पाती है। समय से पहले या देर से फूल–फल का आना, फसल का गिरना आदि की सम्भावना रहती है।
15. इनसे भूमि की भौतिक अवस्था में सुधार होने से भूमि कटाव की रोकथाम होती है।	इनके प्रयोग का मृदा अपरदन पर कोई प्रभाव नहीं पड़ता है।
16. इनके प्रयोग से मृदा प्रत्यारोधन क्षमता बढ़ जाती है।	इनके प्रयोग का मृदा प्रत्यारोधन क्षमता पर कोई प्रभाव नहीं पड़ता है।
17. जैविक के प्रयोग से मृदा में उपस्थित अघुलनशील पोषक तत्व घुलनशील हो जाते हैं।	उर्वरकों का पोषक तत्व की घुलनशीलता पर कोई प्रभाव नहीं पड़ता है।
18. अधिक मात्रा में प्रयोग करने पर भूमि पर कोई हानिकारक प्रभाव नहीं पड़ता है।	अधिक मात्रा में प्रयोग करने पर भूमि और फसल दोनों पर हानिकारक प्रभाव पड़ता है।

❑❑❑

अध्याय 9

बायोगैस स्लरी

वैज्ञानिक युग में गोबर के दोहरे (ईंधन व खाद) एवं समुचित उपयोग के लिए उसका इस्तेमाल बायोगैस संयंत्र में किया जाना चाहिये। गोबर व पानी को समान मात्रा में मिलाकर जब बायोगैस संयंत्र में हवा की अनुपस्थिति में किण्वित किया जाता है तो ईंधन के रूप में बायोगैस (गोबर गैस) एंव अपशिष्ट के रूप में किण्वित स्लरी प्राप्त होती है। किण्वित स्लरी को बायोखाद या बायोगैस स्लरी के नामों से भी जाना जाता हैं। गोबर गैस संयंत्र घर में रसोई के लिये ईंधन व लाईट देती है। इसके साथ प्रदूषण रहित वातावरण इसकी सार्थक उपयोगिता है। बिजली एवं रसोई गैस की बढ़ती कीमतें इन्हें आम भारतीय नागरिक की पहुँच से दूर कर रही है,वहीं यह विधि आम नागरिक के लिए अति उपयुक्त है। अगर गोबर का उपयोग कण्डे बनाकर जलाने के लिये करते हैं तो मुफ्त खाद से वंचित रह जाओगे। गोबर जिसे हम उपले या कण्डे के रूप में जला रहे हैं, उसका सही उपयोग बायोगैस संयंत्र से गैस लेने के बाद होगा। जो गोबर घोल बचेगा वह हमारे खेतों को बढ़िया खाद देगा, नया जीवन देगा। खेतों का नया जीवन हमारे खलिहानों को भरेगा। भरे खलिहान हमारे घरों को खुशियों से भर देंगे। हमारे घरों की खुशियों से देश खुशहाल होगा।

बायोगैस की उपयोगिता

घरेलू ईंधनः बायोगैस एक स्वच्छ घरेलू ईंधन हैं। इसका उपयोग ईंधन के रूप में करने से घर साफ–सुथरा और सुन्दर रहता है। खाना पकाने के लिए प्रति व्यक्ति प्रतिदिन लगभग 0.24 घनमीटर बायोगैस की आवश्यकता होती है। इस प्रकार एक दो घनमीटर बायोगैस संयंत्र से परिवार के 5 से 8 सदस्यों का खाना आसानी से पकाया जा सकता है।

रोशनीः बायोगैस का उपयोग रोशनी के लिए भी किया जा सकता है।बायोगैस को सीधे ही मेन्थल लैम्प में जलाकर रोशनी प्राप्त की जा सकती है। यह लैम्प केरोसीन से चलने वाले लैम्प के समान ही रोशनी देता है। इसमें 0.13 घन मीटर गैस प्रति घंटा खर्च होती है जिससे 100 कैण्डल शक्ति या 40 वाट के बराबर रोशनी प्राप्त होती है। 2 घ.मी. क्षमता के एक संयंत्र से खाना पकाने के अतिरिक्त 2 से 3 घंटे रोशनी भी प्राप्त की जा सकती है।

डीजल एवं पेट्रोल ईंजनः ग्रामीण घरों में गोबर की उपलब्धता के आधार पर बड़ा बायोगैस संयंत्र (कम से कम 6 घनमीटर) लगाकर उत्पन्न गैस के उपयोग से डीजल व पेट्रोल ईंजन चलाकर कई प्रकार के कृषिकार्य किये जा सकते हैं, जैसे कुंए से पानी खींचना, चारा काटना व थ्रेशर चलाना आदि। बायोगैस से डीजल व पेट्रोल ईंजन चलाने पर 80 प्रतिशत डीजल की व शत–प्रतिशत पेट्रोल की बचत होती है। डीजल व पेट्रोल ईंजन चलाने के लिए 0.5 घनमीटर बायोगैस प्रति अश्व शक्ति प्रति घण्टा की आवश्यकता होती है। अतः बायोगैस संयंत्र यांत्रिक ऊर्जा का स्रोत है।

बायोखादः बायोगैस संयंत्र में गोबर की खाद (बायोखाद) बनने में सिर्फ डेढ़ महीने का ही समय लगता है, जो कि अन्य विधियों से खाद बनाये जाने की तुलना में काफी कम होता है। बायोगैस संयंत्र में डाली गयी स्लरी (गोबर और पानी का घोल) का लगभग 20–25 प्रतिशत भाग बायोगैस में परिवर्तित हो जाता है जिसका उपयोग ईंधन के रूप में किया जाता है तथा शेष 75–80 प्रतिशत भाग तरल किण्वित स्लरी (बायोखाद) के रूप में बायोगैस संयंत्र के निकास द्वारा स्वतः ही बाहर निकल जाता है। इसलिए समुचित उपयोग के लिए गोबर को बायोगैस संयंत्र में काम लेना चाहिए, क्योंकि इसमें बायोगैस के अलावा गोबर की खाद बनाने की तुलना में 20–35 प्रतिशत तक अधिक कार्बनिक खाद प्राप्त होती है। (देखें तालिका 1)

सारणी 1. गोबर को विभिन्न तरीकों से सड़ाकर बनायी जाने वाली खाद की तुलना

खाद का प्रकार	खाद बनाने में लगने वाला समय (दिन में)	खाद में संरक्षित पोषक तत्वों की मात्रा (प्रतिशत में)	उपलब्ध खाद (प्रतिशत में)
खुले वातावरण में सड़ाकर	20–150	50–55	35–40
बन्द वातावरण में सड़ाकर	75–90	75–80	55–60
बायोगैस संयंत्र में सड़ाकर	40–55	90–93	75–80

सारणी 1 से यह स्पष्ट है कि गोबर का उपयोग बायोगैस संयंत्र में किया जाये तो हमें बायोगैस के साथ–साथ अल्प समय में उत्तम एवं पौष्टिक कार्बनिक खाद भी प्राप्त होती है।

गोबर का उपयोग बायोगैस संयंत्र में करने से खाद बनने में समय तो कम लगता ही है, साथ ही खाद की मात्रा भी अधिक मिलती है। बायोखाद में अन्य विधियों से बनायी गयी गोबर की खाद की तुलना में इस खाद में पोषक तत्व अधिक मात्रा में संरक्षित रहते हैं।

बायोखाद के लाभ

- यह एक उत्तम प्रकार की पूर्ण रूप से सड़ी हुई जैविक खाद है। इसमें किसी प्रकार की सड़ने की बदबू नहीं आती है। अतः जब यह खाद खेतों में दी जाती है, तो उस समय किसान आसानी से खेत पर रहकर अन्य खेती का कार्य कर सकता है। साथ ही इस खाद की यह विशेषता होती है कि इसमें किसी प्रकार के हानिकारक कीड़े–मकोड़े जो भूमि अथवा फसल को नुकसान पहुँचाते हैं, नहीं पन्पते हैं।
- बायोखाद पर मक्खी व मच्छर नहीं मंडराते हैं। अतः यह खाद खुले में भी पड़ी रहे तो इसका हमारे स्वास्थ्य और वातावरण पर कोई विपरीत प्रभाव नहीं पड़ता है, ना ही इसके कारण किसी प्रकार की बीमारियां फैलती हैं।
- बायोखाद में पौधों के लिए आवश्यक तीन प्रमुख पोषक तत्व नाइट्रोजन, फॉस्फोरस तथा पोटैशियम देशी खाद की तुलना में अधिक होते हैं (तालिका 2)। इसमें फसलों के लिए आवश्यक सूक्ष्म पोषक तत्व, जैसे–तांबा (28 पी.पी.एम), लोहा (3550 पी. पी.एम), जस्ता (144 पी.पी.एम.), मैंगनीज (188 पी.पी.एम), कैल्शियम, बोरोन आदि भी उचित मात्रा में पाये जाते हैं।
- ताजी बायोगैस स्लरी में 20 प्रतिशत नाइट्रोजन अमोनिकल यौगिक के रूप में होती है, जिसे पौधे मिट्टी से आसानी से अवशोषित कर लेते हैं। जबकि देशी तरीके से बनायी गयी गोबर की खाद में नाइट्रेट तथा नाइट्राइड के रूप में होती है जिसे पौधे कुछ जटिल प्रक्रियाओं के पश्चात् ही अवशोषित कर पाते हैं।
- बायोखाद रासायनिक खाद की तुलना में काफी अच्छी होती है, क्योंकि रासायनिक खाद एक प्रकार का खनिज रसायन है जिसमें जैविक एवं सूक्ष्म पोषक तत्वों का पूर्ण अभाव होता है। इस खाद में कई प्रकार के लवण एवं खनिज (मिनरल्स) होते हैं जो भूमि में आसानी से घुल नहीं पाते जिससे भूमि धीरे–धीरे सख्त होती जाती है और अंततः बंजर हो जाती है। इन रासायनिक खादों की कीमतें दिनोंदिन बढ़ती ही जा रही हैं। इसके उपयोग से फसल उत्पादन का खर्च भी बढ़ जाता है। यही कारण है कि आज साधारण किसान के लिए रासायनिक खाद का उपयोग करना मुश्किल होता जा रहा है। इसके लगातार उपयोग से जमीन की उर्वरा शक्ति बढ़ाने वाले जीवाणु नष्ट हो जाते हैं। इसलिये भूमि की उर्वरा शक्ति बनाये रखने के लिए एवं फसल उत्पादन की लागत कम रखने के लिए रासायनिक खाद का उपयोग उचित मात्रा में तथा सही तरीके से ही किया जाना चाहिए। बायोखाद के उपयोग से भूमि स्वस्थ एवं उपजाऊ रहती है तथा इसके निरंतर उपयोग से खेत लम्बे समय तक अधिक उपजाऊ बने रहते हैं। अतः बायोखाद का खेतों में अधिकाधिक उपयोग करना चाहिए।

- बायोगैस संयंत्र में गोबर के सड़ने की प्रक्रिया हवा की अनुपस्थित में होती है। अतः गोबर में उपस्थित सभी खरपतवार के बीज भी संयंत्र के अन्दर ही सड़कर नष्ट हो जाते हैं। इसलिये बायोखाद में खरपतवार के बीज नहीं होते हैं। इस खाद का उपयोग होने से सिंचाई, जुताई व कटाई आदि कार्यों में आसानी रहती हैं।
- बायोखाद से उपचारित किए हुए बीज जल्दी और अधिक मात्रा में अंकुरित होते हैं। इन उपचारित बीजों में बीमारियां नहीं लगती हैं, जड़ें स्वस्थ और मजबूत बनती हैं।
- बायोखाद से पौधे अच्छे पनपते हैं तथा उनमें बीमारियों से लड़ने की अद्‌भुत प्राकृतिक क्षमता विद्यमान रहती है।
- लवणयुक्त खारी मिट्टी में बायोगैस स्लरी का उपयोग कर इसे फसल पैदा करने योग्य भी बनाया जा सकता है।
- यह खाद मिट्टी में आवश्यक पोषक तत्वों को बढ़ाने के साथ–साथ इसके भौतिक गुणों को भी बढ़ाती है जो हर उपजाऊ मिट्टी का एक आवश्यक अंग है। मिट्टी में बनने वाले छिद्रों की मात्रा बायोगैस स्लरी की उपस्थिति में बढ़ जाती है। इससे वायुमण्डल की ऑक्सीजन पौधों की जड़ों तक आसानी से आ–जा सकती है जो उनकी श्वसन क्रिया के लिए आवश्यक है जिसकी वजह से मिट्टी में पानी को अपने पास अधिक समय तक बनाये रखने की क्षमता आ जाती है। इससे पानी को नीचे जल की सतह तक जाने में अधिक समय लगता है। इसलिये इस पानी का उपयोग पौधों द्वारा आसानी से किया जा सकता है।
- पौधों को बायोखाद से अन्य अप्रत्यक्ष लाभ भी है। यह पौधे को उगने के लिए मिट्टी को स्वच्छ वातावरण देती है। हवा का प्रवाह मिट्टी के छिद्रों में होने से मिट्टी का तापमान स्थिर रहता है जो खेती के लिए लाभकारी होता है। इस खाद के उपयोग से मिट्टी में नमी की मात्रा अधिक हो जाने से पानी संरक्षित करने की क्षमता बढ़ जाती है तथा मिट्टी के भौतिक गुणों का विकास होता है। बायोखाद की सबसे बड़ी विशेषता यह है कि यह खाद उन जीवाणुओं को उत्तेजित करने में सहायता प्रदान करती है जो पौधों को मिट्टी से आवश्यक पोषक तत्व लेने में सहायता करते हैं। ये जीवाणु पोषक तत्वों को उन रूपों में बदल देते हैं जिनसे कि पौधे उन्हें आसानी से प्राप्त कर सकते हैं। इस प्रकार पौधों को आसानी से भोजन प्राप्त होने पर ये तेजी से वृद्धि करते हैं।
- बायोखाद के गड्ढों में भूसा, पत्ते, धान एवं अन्य कृषि अवशेषों को मिलाकर अच्छा कम्पोस्ट भी बना सकते हैं और खाद की मात्रा को भी बढ़ाया जा सकता है।

सारणी 2. बायोखाद एवं देशी खाद में पाये जाने वाले पोषक तत्वों (%) की तुलना

पोषक तत्व	ताजा स्लरी	सूखी स्लरी	देशी खाद
नाइट्रोजन	1.5–2.0	1.30–1.70	0.3–0.5
फॉस्फोरस	0.8–1.0	0.65–0.85	0.2–0.3
पोटैशियम	0.8–1.0	0.65–0.85	0.3–0.5

बायोखाद का उपयोगः गोबर गैस संयंत्र में गोबर की पाचन क्रिया के बाद 25 प्रतिशत गैस तथा 75 प्रतिशत खाद प्राप्त होती है। 2 घन मीटर के गैस संयंत्र में करीब 50 किलोग्राम रोज या 18.25 टन गोबर प्रतिवर्ष डाला जाता है, उस गोबर से लगभग 10 टन बायोगैस स्लरी प्राप्त होती है। यह स्लरी फसलों के लिए बहुत उत्तम खाद है। इसमें नाइट्रोजन 1.5 से 2 प्रतिशत, फास्फोरस 1.0 प्रतिशत तथा पोटाश 1.0 प्रतिशत तक होता है। इस संयंत्र से जब स्लरी के रूप में खाद बाहर आती है तब जितना नाइट्रोजन गोबर में होता है,उतना ही नाइट्रोजन स्लरी में भी होता है,परन्तु संयंत्र में पाचन क्रिया के दौरान कार्बन का रूपान्तर गैस में होने से कार्बन का प्रमाण कम होने से सीः एन अनुपात कम हो जाता है। गोबर गैस संयंत्र से निकली पतली स्लरी में 20 प्रतिशत नाइट्रोजन अमोनिकल नाइट्रोजन के रूप में होती है। अतः इसका तुरन्त उपयोग खेत में किया जाये तो इसका प्रभाव रासायनिक खाद की तरह देखा जा सकता है ,और उत्पादन मे 10 से 20 प्रतिशत बढ़वार संभव है। स्लरी को खेत में सिंचाई के साथ देने से फसल उत्पादन बढ़ता है। बायोगैस स्लरी में नाइट्रोजन, फास्फोरस तथा पोटैशियम के अलावा सूक्ष्म पोषक तत्व तथा ह्यूमस भी होता है, जिससे मिट्टी की उर्वरता एवं जलधारण क्षमता बढ़ती है तथा सूक्ष्म जीवाणुओं में बढ़ोतरी होती है। इस खाद के पोषक तत्व अन्य जैविक खादों की तरह तीन वर्षों तक फसलों को धीरे–धीरे उपलब्ध होते रहते हैं।

बायोखाद एक पूर्ण रूप से सड़ी हुई उत्तम खाद है। इसका उपयोग किसी भी फसल एवं भूमि पर किया जा सकता है। इस खाद का उपयोग सिंचाई वाले क्षेत्रों में 10 टन प्रति हैक्टेयर तथा बिना सिंचाई वाले क्षेत्र में 5 टन प्रति हैक्टेयर की दर से किया जाना चाहिए। हर प्रकार की फसल के लिए यही मात्रा उपयुक्त है।

इसका उपयोग दो तरीके से किया जा सकता हैः

1. **गीले रूप में:** गीले रूप में बायोखाद का उपयोग अधिक लाभकारी होता है, क्योंकि इस समय इसमें फसलों के लिए आवश्यक पोषक तत्व सबसे अधिक मात्रा में होते हैं। बायोखाद को गीले रूप में खेतों में पहुंचाने के लिए बाल्टी या ड्रम का उपयोग किया जाता है या सिंचाई के पानी के साथ मिला दिया जाता है। इस ड्रम के नीचे की ओर एक 10 मि.मी. आकार का छेद कर नली लगा दी जाती है तथा

उस पर एक वाल्व लगा दिया जाता है। इस वाल्व की सहायता से आवश्यकतानुसार बायोगैस स्लरी को सिंचाई के बहते हुए पानी के साथ मिलाया जा सकता है।

2. **सूखे रूप में:** बायोगैस स्लरी का उपयोग किन्हीं कारणों की वजह से प्रतिदिन नहीं किया जा रहा हो तो उसका उपयोग सुखाकर भी किया जा सकता है। स्लरी को कभी भी सीधे धूप में नहीं सुखाना चाहिए, क्योंकि इससे इसमें उपस्थित पोषक तत्वों की मात्रा में कमी होने लगती है। नाइट्रोजन जो अमोनिकल यौगिक (लगभग 20 प्रतिशत) के रूप में होती है वह तो लगभग पूर्णतया नष्ट हो जाती है। बायोगैस स्लरी का उपयोग थोड़ा सूखने के बाद अर्धतरल रूप में भी किया जा सकता है।

गोबर गैस स्लरी को सुखा कर संग्रहण करना: यदि गोबर गैस संयंत्र घर के पास व खेत से दूर स्थित है तो पतली स्लरी को खेत तक ले जाना कठिन होता है। इसका स्थानान्तरण भी संभव नहीं होता, इस स्थिति में इसे सुखाना जरूरी हो जाता है।

स्लरी को सुखाने की विधि: गोबर गैस संयंत्र के निकास कक्ष से जुड़े हुए दो सीमेन्ट के टैंक बनाकर, इसके दूसरी तरफ छना हुआ पानी एकत्र करने हेतु एक गड्ढा बनाया जाता है। फिल्ट्रेशन टैंक में नीचे 15 सेंमी. मोटाई में कूड़ा–कचरा (हरा एवं सूखा) इत्यादि डाला जाता है जिससे निकास कक्ष से जब द्रव्य स्लरी के रूप में इस पर गिरता है,तो स्लरी का पानी कचरें से छानकर नीचे गड्ढे में एकत्र हो जाता है जिसे पुनः गोबर के साथ मिलाकर संयंत्र में डाला जा सकता है। इससे लगभग उपयोग किये गये पानी का 2/3 हिस्सा पुनः काम आ जाता है। इस पानी का छिड़काव पौधे या फसल पर करने से फसल उत्पादन बढ़ता है, क्योंकि पोषक तत्व घुलनशील अवस्था में पाये जाते हैं। परिणामस्वरूप फसल की बढ़वार अच्छी होती है एवं फसल पर कीड़ों का प्रकोप कम होता है। इस प्रकार बायोगैस संयंत्र दूर दराज के गांवों एवं गरीब व धनी परिवारों के लिये जो पशु रखते हैं, उनके लिए बहुत उपयोगी है ।

उपयोग से पूर्व उपचार: शौचालय आधारित बायोगैस संयंत्र से प्राप्त बायोगैस स्लरी में हानिकारक पेथोजन्स रह जाते हैं । इस स्लरी का खेतों में सीधा उपयोग नहीं करना चाहिये, क्योंकि ये पेथोजन्स फसलों के लिये हानिकारक होते हैं। इसलिये इस स्लरी का उपयोग करने से पूर्व उपचार करना जरूरी होता है। शौचालय आधारित बायोगैस संयंत्र से प्राप्त बायोगैस स्लरी को एक गड्ढे में इकट्ठा कर उसमें यूरिया मिलाया जाता है। यूरिया डालने पर अमोनिया गैस उत्पन्न होती है जो कि इसमें उपस्थित पेथोजन्स को एक–दो दिन के समय में नष्ट कर देती है।

फसल उत्पादन वृद्धिः बायोखाद का खेतों में उपयोग करने से रोड़ी की खाद की तुलना में 10 से 50 प्रतिशत तक उत्पादन में वृद्धि सम्भव है। बायोखाद का खेतों में उपयोग करने से गेहूँ व बाजरा में 25 प्रतिशत, चावल में 50 प्रतिशत, मक्का में 45 प्रतिशत, टमाटर में 22 प्रतिशत, आलू में 27 प्रतिशत, बैंगन में 44 प्रतिशत तथा चुकन्दर में 13 प्रतिशत तक उत्पादन वृद्वि होती है, बल्कि इनके आकार बड़े एवं फल ताजे स्वस्थ रूप में मिलते हैं।

लाभ–हानि का लेखा–जोखा

1. दो घनमीटर के बायोगैस संयंत्र के लिए प्रतिदिन 50 केलोग्राम गोबर तथा बराबर मात्रा में पानी की आवश्यकता होती है।

आवश्यकता (प्रति वर्ष)

गोबर	365 x 50	= 18250 कि.ग्रा.
पानी	365 x 50	= 18250 कि.ग्रा.
कुला मात्रा (गोबर +पानी)		= 36500 कि.ग्रा.
	लगभग	= 36 टन

2. एक 2 घनमीटर के बायोगैस संयंत्र को लगातार एक महीने तक काम में लेता है तो 26 किलोग्राम द्रवीभूत पेट्रोलियम गैस (एल.पी.जी.) की बचत होती है। यानी लगभग दो गैस सिलेण्डर की बचत।

दो गैस सिलेण्डर की लागत (प्रति सिलेण्डर कीमत 300/–)	2 x 300 =	600/-
प्रति वर्ष बचत	600 x 12 =	7200/-

3. संयंत्र में डाली बायोगैस स्लरी का लगभग 25 प्रतिशत भाग गैस में परिवर्तित हो जाता है एवं लगभग 75 प्रतिशत भाग बायोगैस स्लरी बायोखाद के रूप में प्राप्त होता है यानी 9 टन मात्रा में गैस में परिवर्तित हो जाती है तथा 27 टन गीली स्लरी के रूप में प्राप्त होती है। बायोगैस स्लरी को हवा में 25–30 प्रतिशत नमी तक सुखाने पर प्राप्त खाद की मात्रा 10.8 टन होती है।

कुल व्यय (प्रथम वर्ष)

दो घनमीटर बायोगैस संयंत्र निर्माण खर्च	रु 9000.00
यदि गोबर/25 पैसे प्रति किलोग्राम की दर से खरीदा जाये	रु 4562.50

गोबर का घोल बनाने का मेहनताना रुपये 200/– प्रति माह (12 x 200 = 2400/-)		रु 2400.00
	कुल खर्च रुपये	रु 14962.50
प्राप्तियाँ (प्रथम वर्ष)		
अनुदान		रु 1800.00
गैस ईंधन के रूप में		रु 7200.00
बायोगैस स्लरी 10.8 टन को 1 रुपये प्रति किलोग्राम की दर से बेचा जाये		रु 10800.00
	कुल प्राप्तियाँ रुपये	रु 19800.00

इस आधार पर हम मानकर चल सकते हैं कि हमें प्रथम वर्ष में न तो लाभ होता है और न ही हानि । परन्तु आने वाले अगले 5 वर्षों तक 2 घनमीटर बायोगैस संयंत्र से प्रतिवर्ष लगभग 10000–12000 रुपये की शुद्ध बचत होती है।

बायोगैस इकाई

अध्याय 10

प्रोम खाद

प्रोम (फॉस्फोरस रिच ऑर्गेनिक मेन्योर) एक फास्फोरस युक्त जैविक खाद है जिसे उच्च श्रेणी के रॉक फॉस्फेट एवं कार्बनिक पदार्थों जैसे कि कृषि अपशिष्टों, गोबर, करंज की खली, प्रेसमड, फल उद्योगों से प्राप्त कचरा इत्यादि के सम्मिश्रण से तैयार किया जाता है। इसमें 15–18 प्रतिशत फास्फोरस, 15–16 प्रतिशत जैविक कार्बन, 4–5 प्रतिशत सल्फर, 15 प्रतिशत नमी एवं 20:1 कार्बन नाइट्रोजन का अनुपात होता है। करीब नौ दिन बाद तैयार इस खाद को खेत में डाल दिया जाता है। इस खाद के उपयोग से खेतों की उर्वरा शक्ति को बढ़ाया जा सकता है। कृषि अपशिष्ट के द्वारा बनने की वजह से यह पूरा जैविक होता है। उच्च गुणवत्तायुक्त प्रोम मृदा सुधारक का कार्य करता है। प्रोन फॉस्फोरस की आवश्यकता की पूर्ति ही नहीं करता, बल्कि अन्य पोषक तत्व जैसे कि पोटाश, कैल्शियम, गन्धक, जस्ता, मैग्नीशियम एवं लोहा प्रचुर मात्रा में प्रदान करता है। इस खाद में कार्बन एवं नत्रजन का अनुपात सही होने की वजह से मृदा की वायु संचारता एवं जल संग्रहण क्षमता भी अच्छी बनी रहती है। प्रोम सभी प्रकार की मृदाओं, जैसे अम्लीय, उदासीन एवं कम क्षारीय के लिए काफी उपयोग सिद्ध हुआ है। देश के विभिन्न भागों में विभिन्न फसलों पर प्रयोग करने से यह सिद्ध हो चुका है कि यह खाद गेहूँ, चावल, सोयाबीन, सरसों, मूगंफली, चना, कपास, चंवला, मिर्ची एवं पान जैसी फसलों के लिए बहुत लाभकारी है। यह खाद अन्य रासायनिक उर्वरकों की तुलना में काफी सस्ता पड़ता है। यह फॉस्फोरस का सस्ता एवं सुलभ स्त्रोत है। इसमें उपलब्ध फॉस्फोरस के फसलों पर परिणाम दीर्घ अवधि तक देखे जा सकते हैं। इससे एग्रो–इण्डस्ट्रीज के उप–उत्पादों का उचित सदुपयोग हो जाता है। इसे किसान घर पर ही आसानी से तैयार कर सकते हैं।

प्रोम खाद हेतु आवश्यक सामग्री: प्रोम बनाने के लिए कई कृषि अपशिष्टों को प्रयोग में लाया जाता है। इनमे से प्रैसमड महत्वपूर्ण एवं सस्ता अपशिष्ट हैं जो आसानी से प्राप्त हो जाता है। प्रोम निर्माण में निम्न सामग्री प्रयोग में लायी जाती है, जिन्हें देश के विभिन्न प्रदेशों से एकत्रित किया जा सकता है।

1. **प्रेसमड:** यह गन्ने से चीनी निर्माण के दौरान बनने वाला उप–उत्पाद है।
2. **मधुशाला कचरा (डिस्टलेरी वेस्ट):** शुगर मील में मिथेन गैस निर्माप के पश्चात् प्राप्त होने वाला पदार्थ मधुशाला कचरा कहलाता है।

3. **रॉक फॉस्फेटः** उच्च श्रेणी के रॉक फास्फेट में 34 प्रतिशत फॉस्फोरस होता है जिसे राजस्थान राज्य खान एवं खनिज लिमिटेड, उदयपुर से आसानी से एवं सस्ती दर 3100 रुपये प्रति टन पर प्राप्त किया जा सकता है।

4. **रॉक फास्फेट एवं प्रेसमड का अनुपात (1:3):** प्रोम उत्पादन के लिए 100 मैट्रिक टन के मिश्रण में रॉक फास्फेट एवं प्रेसमड को क्रमशः 30 प्रतिशत एवं 70 प्रतिशत के अनुपात में मिलाया जाता है।

5. **सूक्ष्म जीवीय संवर्धनः** यह संवर्धन जाइगोट इण्डिया प्राइवेट लिमिटेड से प्राप्त किया जा सकता है। इस संवर्धन में संवर्ध ट्राईचूरूस स्पाईरेलिस, एग्रोबैक्टीरियम रेडियोबेक्टर, यूरोमाइसीज फेसियोजी, क्लोरोस्पोरियम रेसीनी इत्यादि सूक्ष्म जीव होते हैं।

6. **फॉस्फेट एवं एजोटोबेक्टर कल्चर।**

प्रोम बनाने की विधियांः प्रोम बनाने के लिए निम्न तरीका/विधि को अपनाया जाता हैः

1. **प्रेसमड से प्रोम खाद का निर्माणः** प्रोम निर्माण बायो कम्पोस्टिंग के सिद्वान्त पर आधारित है। इसके उत्पादन में किण्वण प्रक्रिया एक महत्वपूर्ण भूमिका अदा करता है। प्रोम खाद बनाने के लिए प्रेसमड में निर्धारित मात्रा में रॉक फॉस्फेट मिलाया जाता है। यह सामान्यतया 100 मैट्रिक टन के मिश्रण में 70 मैट्रिक टन प्रेसमड एवं 30 मैट्रिक टन रॉक फॉस्फेट होता है। इस मिश्रण को थर्मोफिलिक बैक्टीरिया एवं मिजोफाइलिक कवक से युक्त जैव संवर्धन के साथ संरोपण किया जाता है। इस मिश्रण को जूट या प्लास्टिक से ढंक दिया जाता है व नियमित रूप से समय–समय पर प्रतिदिन डिस्टेलेरी वेस्ट का छिड़काव करके सड़ाया जाता है। प्रतिदिन इस मिश्रण को पलटा जाता है, साथ ही 60 प्रतिशत नमी भी कायम रखी जाती है। थर्मोफाइलिक बैक्टीरिया गुणन के दौरान ऊर्जा उत्पन्न करते हैं जिससे बायोमास के तापमान में वृद्धि होती है। उत्पन्न उच्च तापमान से वाष्पीकरण होता है जिससे बायोमास का वजन कम हो जाता है और कार्बनिक खाद के विघटन के दौरान उत्पन्न कार्बन डाईऑक्साइड गैस कार्बनिक अम्ल का निर्माण करती है जो रॉक फॉस्फेट को घोलकर फॉस्फोरस की उपलब्धता को बढ़ा देता है । इस प्रकार तैयार अन्तिम उत्पाद में नाइट्रोजन, फॉस्फोरस एवं पोटाश की मात्रा अधिक होती है। इस सम्पूर्ण प्रक्रिया में लगभग 60–90 दिन का समय लगता है और लगभग 1,25,000 लीटर डिस्टलेरी वेस्ट की आवश्यकता होती है। इस प्रकार 100 मेट्रिक टन के मिश्रण से 39.25 मैट्रिक टन प्रोम का निर्माण होता है।

2. **गोबर से प्रोम खाद बनानाः** प्रोम खाद बनाने के लिए 8 फीट लम्बा, 6 फीट चौडा, 3 फीट गहरा गड्ढा बनाते हैं या आवश्यकता अनुसार छोटा एवं बड़ा गड़्ढा बना सकते हैं। प्रॉम खाद बनाने के लिए 100 किलो रॉक फॉस्फेट के साथ 1600 किलो ताजा गोबर, 1 किलो फॉस्फेट कल्चर एवं 1 किलो एजोटोबेक्टर की आवश्यकता होती है (एक भाग रॉक फॉस्फेट के साथ तीन भाग शुष्क कार्बनिक पदार्थ), ताजा गोबर, पशु मूत्र एवं रॉक फॉस्फेट को अच्छी तरह मिला कर पानी छिड़क कर गीला कर देते हैं। इसके पश्चात् गडढ़े में भर देते हैं और नमी बनाये रखते है। खाद में नमी बनाये रखने के लिए प्लास्टिक की चादर/फसल अवशेष से खाद के ढेर को ढंक देते हैं। 50–60 दिन बाद खाद को अच्छी तरह पलटी देकर मिला देते हैं और पानी छिड़कर नम बनाये रखते हैं। 100 दिन बाद खाद में एक किलो फॉस्फेट एवं एक किलो एजोटोबेक्टर कल्चर अच्छी तरह मिला देते हैं और नम बना देते हैं। इस प्रकार से प्रॉम खाद 110–120 दिन में बनकर तैयार हो जाता है।

3. **फसल अवशेष एवं पौधे की पत्तियों से प्रोम खाद बनानाः** एक भाग उच्च श्रेणी का रॉक फॉस्फेट (34/74) के साथ दो भाग शुष्क पदार्थ के आधार पर फसल अवशेष (सरसों, गेहूँ, धान, मक्का, ज्वार, तिल एवं दलहनी फसल आदि) या पौधों की पत्तियों की आवश्यकता होती है। फसल अवशेषों को छोटे–छोटे टुकड़े बना लेते हैं। 8 फीट लम्बा, 6 फीट चौड़ा, 3 फीट गहरा गड्ढ़ा बनाते हैं। गड्ढे में फसल अवशेष के छोटे–छोटे टुकडे बनाकर या पौधों के अवशेष को रॉक फॉस्फेट के साथ अच्छी तरह मिला देते हैं एवं पानी का छिड़काव कर गीला कर देते हैं इसके पश्चात् गड्ढ़े में भर देते हैं और पानी का छिड़काव कर नम बना देते हुं। खाद के ढेर को नम बनाये रखने के लिए पानी डालते रहते हैं। खाद में नमी बनाये रखने के लिए प्लास्टिक की चादर/फसल अवशेष से खाद के ढ़ेर को ढक देते हैं 30–40 दिन बाद खाद को अच्छी तरह मिला देते हैं एवं पानी डालकर गीला कर देते हैं। 100 दिन बाद एक किलो फॉस्फेट कल्चर एवं एक किलो एजोटोबेक्टर कल्चर मिलाकर खाद के ढ़ेर को अच्छी तरह मिला देते हैं और पानी का छिड़काव कर गीला कर देते है। 110–120 दिन में खाद सड़कर प्रॉम खाद के रूप में तैयार हो जाता है।

वर्मी प्रोमः प्रोम खाद को जल्दी बनाने के लिए केचुओं का उपयोग कर वर्मी प्रोम भी बनाया जा सकता है।

सारणी 1. फास्फेटिक विलायकों एवं फॉस्फोरस स्रोतों के प्रयोग का अरहर की पैदावार (औसत 2001 व 2002 का) पर प्रभाव

क्र.सं	उपचार	उपज (क्वि./है.)	नियंत्रित की तुलना में वृद्धि (प्रतिशत)	लाभ : लागत अनुपात (रु)
1.	नियंत्रण प्लांट	12.85	——	1.68
2.	डी.ए.पी.	19.87	54.63	2.68
3.	आर.पी. (34/74) +गोबर की खाद (1:3)	17.11	33.15	2.33
4.	आर.पी. (34/74) +गोबर की खाद (1:3) + पी.एस.बी. (2 किलो/है.)	19.53	51.98	2.79
5.	आर.पी. (18/150) + गोबर की खाद (1:3)	14.97	16.50	1.93
6.	असा.पी. (18/150) +गोबर की खाद (1:3) + पी.एस.बी. (2 किलो/है.)	15.85	23.35	2.09

प्रोम खाद प्रभावी क्यों है? मृदा में कार्बनिक पदार्थों की वृद्धि के साथ–साथ फॉस्फेट की घुलनशीलता में वृद्धि होती है। कार्बनिक पदार्थों के अपघटन की प्रक्रिया के दौरान ह्यूमिक एसिड एवं फ्लुविक एसिड निकलता है जो मृदा के अप्राप्य अघुलनशील फॉस्फेट को प्रायः मोनो कैल्शियम फॉस्फेट अवस्था में परिवर्तित कर देता है। यह तथ्य ही प्रोम खाद को प्रभावी बनाता है। उच्चकोटि के फॉस्फेट खनिज में कार्बोनेट यौगिक नही होता है, अतः प्राकृतिक खाद के उपयोग द्वारा उत्पन्न बनी रहेगी, परिणामस्वरूप फॉस्फेट की ग्राह्य रूप में उपलब्धता भी सम्भव होगी। प्रोम में फॉस्फेट आयनों का स्थिरीकरण न होकर उसकी ग्राह्य रूप में हमेशा उपलब्धता बनी रहती है। रासायनिक उर्वरकों, जैसे कि डी.ए.पी. एवं एस.एस.पी. आदि में जल में घुलनशील फॉस्फेट उपस्थित होता है लेकिन फॉस्फेट उर्वरकों का जल में घुलनशील फॉस्फेट अल्प अवधि में ही अघुलनशील अवस्था में बदल जाता है जो पौधों को उपलब्ध नहीं हो पाता है। मृदा में उपस्थित आयरन, एल्यूमिनियम एवं मैंगनीज आयन अम्लीय भूमि में तथा कैल्शियम एवं मैग्नीशियम आयन क्षारीय भूमि में फॉस्फेट आयनों का स्थिरिकरण करते हैं और समयान्तर पर तो फॉस्फेट की उपलब्धता और अधिक क्षीण होती जाती है। यह रासायनिक उर्वरक (डी.ए.पी. एवं एस.एस. पी.) का एक अच्छा विकल्प है । प्रोम खाद को किसान स्वयं तैयार कर सकते हैं। प्रोम खाद न केवल वर्तमान फसल के लिए उपयोगी है, बल्कि मृदा में भी इसकी सतत् उपलब्धता बनी

रहने के कारण आगे बोये जाने वाली फसलों के लिये भी काम में आता है, यानी कि अवशेष प्रभाव रहता है। जैविक खाद होने से प्रोम रासायनिक उर्वरक के सभी दुष्परिणामों से बचाता है। मृदा जल धारण क्षमता में सुधार होता है। यह प्राकृतिक खाद होने से इसके द्वारा होने वाले उत्पादन की अच्छी कीमत मिलती है।

प्रोम खाद प्रयोग में सावधानियां: प्रोम खाद बुवाई से एक सप्ताह के अन्दर डाल कर मिट्टी में मिला देना चाहिये जो खड़े पौधों को आरम्भिक अवस्था में वृद्धि के लिए फॉस्फोरस की आवश्यकता की पूर्ति करता है। अधिक दूरी पर बोई जाने वाली फसलों में प्रोम खाद फरो में डालकर बुवाई करें।

प्रोम की उत्पादन लागत: भारत में विभिन्न कम्पनियों द्वारा प्रोम खाद का निर्माण करना शुरू कर दिया, जैसे सिम्भोली शुगर मिल्स लिमिटेड, गाजियाबाद, उत्तर प्रदेश में प्रोम के नाम से प्रोम का निर्माण होता है। एक टन सिम्भोली प्रोम के उत्पादन की लागत 2885 रुपये आती है। प्रोम में 16–18 प्रतिशत फास्फोरस एवं 22–25 प्रतिशत नमी होती है। इसका पी.एच.मान 7.4 होता है। इसके अलावा इसमें सूक्ष्म मात्रा में कैल्शियम, पोटाश, गन्धक, जस्ता, मैग्नीशियम, लोहा इत्यादि तत्वों की उपस्थिति भी होती है।

सारणी 2. प्रोम खाद का सुपरफॉस्फेट से तुलनात्मक अध्ययन

सामग्री	**मात्रा**	**कीमत प्रति इकाई (रुपये)**	**कुल कीमत (रुपये)**
रॉक फॉस्फेट (34 / 74)	47 किलो	4.00 किलो	188
फॉस्फेट कल्चर	400 ग्राम	10 / 200 ग्राम	20
एजोटोबेक्टर कल्चर	400 ग्राम	8 / 200 ग्राम	16
गोबर की खाद /	––	––	60
कृषि अपशिष्ट व अन्य		योग	284
सुपरफॉस्फेट	100 किलो	250 प्रति बैग	500

गोबर व फसल अवशेषों से बना खाद के आंतरिक लाभ होने से इसकी कीमत नही लगाई है। किसानों के पास उपलब्ध जैविक पदार्थ में रॉक फॉस्फेट मिलाकर प्रोम खाद बनाने पर फॉस्फोरस की प्रति किलो लागत मात्र रुपये 18 आती है, जबकि उर्वरक (एस.एस.पी एवं डी.ए.पी) उपयोग करने पर फॉस्फोरस की लागत प्रति किलो रुपये 30–31 होती है। अतः किसान प्रति किलोग्राम प्रोम द्वारा फॉस्फोरस उपयोग कर औसतन रुपये 12.00 बचा सकते हैं।

❑❑❑

अध्याय 11

हरी खाद

हरी खाद क्या है? भूमि की भौतिक दशा एवं उर्वरा शक्ति को अच्छी करने की प्रक्रिया में खेत की वानस्पतिक सामग्री को अधिकांशः हरे दलहनीय पौधों को उसी खेत में उगाकर हरी अवस्था में ही मिट्टी पलटने वाले हल से जुताई करके मिट्टी में दबाने के कार्य को हरी खाद देना कहते हैं। हरी खाद के लिये खेत के बाहर उगे पेड़–पौधों की हरी पत्तियों व टहनियां आदि को इकट्ठा करके भी प्रयोग करते हैं। यह दक्षिण भारत में धान के खेतों में अपनाई जाने वाली पुरानी विधि है।

हरी खाद देने की विधियाँ

1. **खेत में ही हरी खाद उगाकर जोतनाः** इस विधि से हरी खाद की फसल को उसी खेत में उगाया जाता है जिसमें कि खाद देनी होती है, फिर उन्हें खेतों में जोत देते हैं। इस प्रकार की विधि के लिए ढ़ैचा, ग्वार, सनई तथा लोबिया की फसलें उपयुक्त पायी जाती हैं।
2. **हरी पत्तियों की खादः** इस विधि में कुछ कारणवश जब हरी खाद की फसल को उस खेत में उगाया नहीं जा सकता है तो अन्य खेत में उगाते हैं तथा हरी खाद की फसल को एक खेत से काटकर अन्य दूसरे खेत में मिट्टी पलटने वाले हल की सहायता से पत्तियों, तनों आदि को भूमि में मिला दिया जाता है। कुछ स्थानों पर जंगलो से पौधों की पत्तियों को एकत्रित करके हरी खाद के लिए खेतों में प्रयोग किया जाता है।

हरी खाद की फसल में आवश्यक गुण

- शीघ्र बढ़ने वाली फसल होनी चाहिए।
- फसल खूब पत्तियों वाली तथा शाखादार हो ताकि प्रति हैक्टेयर अधिक से अधिक मात्रा में भूमि में कार्बन पदार्थ मिलाया जा सके।
- फसल के वानस्पतिक भाग मुलायम हों ताकि वह आसानी से सड़ सके।

- फसल फलीदार होनी चाहिए, क्योंकि उसके पौधों की जड़ों में ग्रन्थियां होती हैं। इनमें रहने वाले बैक्टीरिया वायुमंडल की नाइट्रोजन का मृदा में स्थिरीकरण करते हैं।
- बीज सस्ता एवं आसानी से उपलब्ध हो सके।
- फसल की जड़ें नीचे गहरी जायें, जिससें मिट्टी भुरभुरी बन सके और पोषक तत्वों को निकाल कर ऊपर ले आये।
- हरी खाद ऐसी हो जो कि कम उपजाऊ भूमि पर भी सफलतापूर्वक उगाई जा सकें।
- फसल में कीट न लगे और उनमें रोगों के आक्रमण न होते हों।
- फसल चक्र में उसका उचित स्थान होना चाहिए।
- फसल तैयारी में अधिक समय न लगता हो। प्रबंध तथा देखरेख की आवश्यकता न हो।
- विषम जलवायु सहन कर सके।
- हरी खाद उगाने के लिए खाद तथा उर्वरक की आवश्यकता न हो।

हरी खाद हेतु फसलेः हरी खाद के लिए प्रयोग होने वाली फसलों को दो मुख्य श्रेणियों में विभाजित कर सकते हैं:

1. फलीदार फसलें

सनईः इसका प्रयोग उत्तरी भारत में किया जाता है। यह बुआई के 6–8 सप्ताह बाद मिट्टी में पलट दी जाती हैं। लगभग 80 किलो नाइट्रोजन प्रति हैक्टेयर तथा 280 क्विंटल हरा वानस्पतिक पदार्थ मिल जाता है।

ढैंचाः सनई के बाद ढैंचा का प्रमुख स्थान हैं। ऊसर तथा खारी मृदा जहां जल निकास अच्छा न हो, कम या अधिक वर्षा में सफलतापूर्वक उगाया जा सकता है।

ग्वारः भारत के उत्तरी और पश्चिमी भागों में जहां वर्षा कम होती है, ग्वार का प्रयोग हरी खाद के लिए किया जाता है। लगभग 65 किलो नाइट्रोजन प्रति हैक्टेयर भूमि में मिलता है।

लोबियाः खरीफ ऋतु में पौधों की अच्छी बढ़वार होने के कारण ही खाद के लिए महत्वपूर्ण फसल है। 150 क्विंटल हरा पदार्थ तथा 60 किलो नाइट्रोजन प्रति हैक्टेयर भूमि में मिलता हैं।

अन्य फसलेंः मटर, उड़द, मूंग व बरसीम।

2. **बिना फलीदार फसलें**: ये मिट्टी में नाइट्रोजन की मात्रा को नहीं बढ़ाती हैं किन्तु विलेय नाइट्रोजन का संरक्षण अवश्य करती हैं व कार्बनिक पदार्थ की मात्रा मिट्टी में बढ़ाती हैं। इससे मिट्टी की दशा में सुधार होता है

हरी खाद के लाभ

1. हरी खाद के प्रयोग से भूमि में कार्बनिक पदार्थ की मात्रा में वृद्धि होती हैं।
2. हरी खाद के प्रयोग से भूमि में नाइट्रोजन की मात्रा में वृद्धि होती हैं।
3. गहरी जड़ वाली हरी खाद की फसलें भूमि की निचली परतों से अपनी जड़ों द्वारा पोषक तत्वों का शोषण करती हैं तथा भूमि में इन फसलों को मिलाने पर निचली तहों से शोषित किए गए तत्व भूमि की ऊपरी परतों में छोड़ दिए जाते हैं जिसको फसलों के पौधे सुगमतापूर्वक ग्रहण कर सकते हैं।
4. यह मिट्टी की संरचना को सुधारती है।
5. यह मृदा जल के वाष्पीकरण को रोकती है।
6. भूमि में वायु का आवागमन अच्छा होने लगता है।
7. भूमि में जल धारण क्षमता बढ़ती है।
8. नाइट्रोजन के अलावा अन्य पोषक तत्वों की मात्रा में वृद्धि होती हैं।
9. हरी खाद की फसल से भूमि में मिलाया गया कार्बनिक पदार्थ जीवाणुओं के लिए भोजन का साधन भी हैं, अतः हरी खाद के कारण भूमि में जीवाणुओं की क्रियाशीलता बढ़ती है, जिससे भूमि में CO_2 तथा नाइट्रोजन की मात्रा में काफी वृद्धि होती है।
10. मृदा कटाव को रोकती है।
11. खरपतवार की संभावित वृद्धि को कम करती है।
12. लीचिंग के द्वारा घुलनशील तत्व भूमि की निचली तहों में नहीं जाते हैं।
13. जल रिसाव में सुधार होता है।

हरी खाद से हानियां: हरी खाद जहाँ सिंचाई की सुविधा हों अथवा पर्याप्त वर्षा वाले स्थानों पर ही उपयुक्त है। कभी–कभी हरी खाद में अनेक हानिकारक कीड़े पाये जाते हैं जो अगली फसल में आक्रमण की संभावना को बढ़ा देते हैं।

हरी खाद प्रयोग करने का ढ़ंग: हरी खाद की फसल का चयन किसी विशेष स्थान की जलवायु एवं भूमि की दशा, फसल की बुआई का समय, पलटाई का समय तथा अवस्था,

एवं पलटाई और मुख्य फसल की बुआई के बीच में कितना अन्तर रखा जाए आदि बातों पर निर्भर होता है तथा इन्हीं बातों पर हरी खाद की सफलता निर्भर करती है।

1. **भूमिः** हरी खाद की फसल में यह गुण होना आवश्यक है कि वह सभी प्रकार की भूमि में सफलतापूर्वक उगाई जा सके। लवणीय एवं क्षारीय भूमि में हरी खाद विशेष लाभप्रद है।

2. **जलवायुः** फसल तथा उत्तम हरी खाद के लिए नम जलवायु का होना आवश्यक है, फसल की वृद्धि और सड़ने के लिए कम से कम 25 इंच वर्षा आवश्यक है।

3. **भूमि की तैयारीः** जहां सिंचाई का प्रबंध है, वहां पलेवा करके वपन योग्यता (टिल्त) आने पर खेत में बीज छिड़क कर बीजों को भूमि में हल से एक जुताई करके मिला देनी चाहिए। बीज को ढंकने के लिए पाटा का प्रयोग करना चाहिए।

4. हरी खाद में बीज की मात्रा तालिका 2 के अनुसार रखें।

5. **बीज बोने का समयः** यदि रबी की फसल के बाद हरी खाद लेनी है तो सिंचाई की सुविधा होने पर अप्रैल में बुवाई कर देते हैं।

6. **पलटाई का समयः** फसल की एक विशेष अवस्था पर पलटाई करने से ही भूमि को सबसे अधिक नाइट्रोजन व जीवांश मिलता है। इस अवस्था से पहले अथवा बाद में फसल की पलटाई करना अधिक लाभदायक नहीं होता है, यह अवस्था तब आती है जब फसल में कहीं–कहीं फूल निकलने लगें, उसके डाल, पात, तने सबसे अधिक कोमल तथा रसदार हों, इस अवस्था में फसल में रसयुक्त कार्बनिक मात्रा सबसे अधिक होती है, ऐसी अवस्था में विघटन (डीकम्पोजिसन) यथाशीघ्र होता हैं। प्रौढ़ अवस्था होने पर कार्बन–नत्रजन अनुपात बढ़ जाता है। ढ़ैचा फसल पलटाई के लिए 5–6 सप्ताह में तैयार हो जाती है, नई फसल की पलटाई बुवाई के 50 दिन बाद करनी चाहिए।

सारणी 1. ढैंचा की विभिन्न अवस्था में पोषक तत्वों का प्रतिशत

अवस्था	पोषक तत्व (प्रतिशत में)		
	नत्रजन	फॉस्फोरस	पोटाश
हरा पौधा	0.7	0.1	0.6
सूखे पौधे	2.8	0.4	1.4

हरी खाद को पलटने की विधि तथा गहराईः पहले हरी खाद को पाटा चलाकर गिरा देना चाहिए और फिर मिट्टी पलटने वाले हल अथवा ट्रैक्टर हल से जोतकर खेत में दबा देते हैं। यह निम्न बातों पर निर्भर करती हैः

1. **मिट्टी की किस्मः** हल्की भूमि में हरी खाद को अधिक गहराई तक दबाया जा सकता है, क्योंकि इनमें वायु का आवागमन अधिक गहराई तक बना रहता है परन्तु भारी मिट्टी में फसल को कम गहराई पर ही दबाना चाहिए।

2. **हरी खाद की फसल की किस्मः** वह फसल जिनके तने मुलायम होते हैं, किसी भी गहराई पर आसानी से सड़ जाती है,परन्तु कठोर तने वाली फसलों को कम गहराई पर ही दबाना चाहिए।

3. पुरानी फसल को भूतल के बहुत निकट दबाना चाहिए. जिससे फसल के विच्छेदन के लिए अधिक ऑक्सीजन मिल जाए। हरी खाद के सड़ने को प्रभावित करने वाले कारक एवं नमी का कार्बनिक विच्छेदन पर प्रभाव 8 सप्ताह बाद –

   i) मृदा नमी–शुष्क मृदा में 10.8 प्रतिशत कार्बनिक पदार्थ का विच्छेदन

   ii) मृदा में 12 प्रतिशत नमी 59.4 प्रतिशत कार्बनिक पदार्थ का विच्छेदन

   iii) मृदा में 24 प्रतिशत नमी 52 प्रतिशत कार्बनिक पदार्थ का विच्छेदन

   iv) तापक्रम 30° से 40° सेल्सियस उपयुक्त है।

   v) वायु संचार – नाइट्रीकरण करने वाले बैक्टीरिया ऑक्सीजन की पर्याप्त मात्रा में सक्रिय होते हैं व इस दशा में नाइट्रेट काफी मात्रा में बनते हैं।

   vi) जलवायु – गर्म जलवायु में विघटन जल्दी होता है, अन्य अवस्था में कम होता है।

4. **भूमि की किस्म तथा उर्वरताः** हल्की भूमि में भारी मृदाओं की अपेक्षा विच्छेदन अधिक शीघ्र होता है। हल्की मृदाओं में ऑक्सीजन की मात्रा भारी मृदाओं की अपेक्षा अधिक होती है। अतः इसमें विघटन शीघ्र होता है।

हरी खाद के प्रयोग में कठिनाइयाँ

- पानी की कमी।
- किसानों को पर्याप्त ज्ञान की आवश्यकता।
- चारे की मांग अधिक होने के कारण हरी खाद के बजाय चारे की फसल बोना उचित समझते हैं।
- पलटाई के लिए यंत्रों की कमी।
- हरी खाद की वजह से एक फसल का नुकसान हो जाता है।

हरी खाद प्रयोग करने में सावधानियाँ

- कोमल तनों और अधिक पत्तियों वाली फसलों का प्रयोग होना चाहिए।
- कम वर्षा वाले क्षेत्रों में सिंचाई का साधन उपलब्ध होने की अवस्था में ही हरी खाद का प्रयोग करना चाहिए।
- हरी खाद की फलीदार फसल को सुपर फॉस्फेट के साथ जोतना अधिक लाभकारी सिद्ध हुआ है। फास्फोरस की उपस्थिति में जड़ों पर ग्रंथियों में उपस्थित जीवाणु अधिक नाइट्रोजन स्थिरीकरण करते हैं।
- प्रमुख फसल की बुवाई के लगभग एक माह पूर्व हरी खाद की फसल को किसी अच्छी किस्म के मिट्‌टी पलटने वाले हल की सहायता से भूमि में दबा देना चाहिए।
- फसल की पलटाई उस समय करनी चाहिए जब फसल में फूल आने वाले हों।
- जुताई के समय विशेष ध्यान देने योग्य बात यह है कि फसल नम मोटी परत से भली भांति दबी रहे।
- यदि फसल पलटने के बाद खेत में नमी का अभाव हो तो आवश्यकतानुसार खेत की सिंचाई कर देनी चाहिए।

हरी खाद हेतु आवश्यक सामग्रीः बीज, पाटा, देशी हल, मिट्‌टी पलटने वाला हल, सुपरफास्फेट।

हरी खाद बनाने की विधिः सिंचित अवस्था में खेत में पलेवा कर देना चाहिए, अथवा पहली वर्षा के तुरन्त बाद खेत के वपन योग्यता (Tilth) में आने के बाद हरी खाद की फसलों के बीज को छिड़ककर बोयें। देशी हल चला देना चाहिए। इसके लिए खेत को अच्छी प्रकार से तैयार करने की आवश्यकता नहीं होती है। हरी खाद बोने के समय 20 किलो नत्रजन तथा 125 किलो सुपरफास्फेट प्रति हेक्टेयर छिड़काव विधि से भुरक कर देना चाहिए। फसल बोने के लगभग 6–7 सप्ताह बाद जब खेत में मामूली फूल निकल आए हों, पत्तियां, तने, शाखाएं इत्यादि रसदार अवस्था में हों तब पहले पाटा की मदद से फसल को खेत में गिरा दें तथा मिट्‌टी पलटने वाले हल से या डिस्क हेरो की सहायता से जुताई कर हरी खाद वाली फसल के पौधों को खेत में मिला दें।

हरी खाद के प्रयोग के बाद उगाई जाने वाली फसलेंः धान, गेहूँ, गन्ना, कपास, तम्बाकू व सरसों आदि फसलें बोने से पहले हरी खाद का प्रयोग कर सकते हैं।

ढैंचा के गुणः ढैंचा की पत्तियों के रस का पी.एच. लगभग 4.0 होता है तथा इसी कारण इसके उपचार से क्षारीय मृदाओं के उच्च पी.एच. तीव्रता से घट जाता है, क्योंकि रस अधिक अम्लीय प्रवृति का होता है। विस्तृत जड़ प्रणाली के कारण मृदा की पारगम्यता में वृद्धि होती है। कैल्शियम (Ca) का घुलनशील अवस्था में आ जाना जो सोडियम (Na) को

प्रतिस्थापित कर देता है। ढैंचा के पौधे में कैल्शियम (34.3 प्रतिशत Cao राख के आधार पर) पर्याप्त मात्रा में होता है।

सारणी 2. हरी खाद में प्रयुक्त होने वाली फसलों का तुलनात्मक अध्ययन

फसल	बुवाई का समय	बीज दर (कि.ग्रा./है.)	नाइट्रोजन स्थिरीकरण (कि.ग्रा./है.)	कार्बनिक पदार्थ (टन/है.)
सनई	जून–जुलाई	60–75	80	20–25
ढैंचा	जून–जुलाई	75–100	75	20–25
लोबिया	अप्रैल–जुलाई	100–125	74–88	15–20
ग्वार	अप्रैल–जुलाई	50–70	60–85	15–20
सैंजी	अक्टूबर–दिसम्बर	25–30	120–135	20–21
बरसीम	अक्टूबर–दिसम्बर	20–30	60	16–20

सारणी 3. विभिन्न हरी खाद फसलों में उपलब्ध मुख्य तत्वों की मात्रा (प्रतिशत में)

हरी खाद फसल (ताजा)	नत्रजन	फास्फोरस	पोटाश
लोबिया	0.71	0.15	0.58
ढैंचा	0.62	––	––
ग्वार	0.34	––	––
मोठ	0.80	––	––
मूंग	0.72	0.18	0.53
सनई	0.75	0.12	0.51
उड़द	0.85	0.18	0.53

सारणी 4. दलहनी फसलों द्वारा नत्रजन स्थिरीकरण की मात्रा

फसल	नत्रजन स्थिरीकरण मात्रा किलोग्राम/एकड़
मूंग/उड़द	20–22
ग्वार	15–78
चना	34–40
लोबिया	32–34
मूंगफली	20–24
बरसीम	40–60
मटर	21–23
अरहर	67–80
सोयाबीन	24–35

SUNNHEMP (*Crotalaria juncea*)

ढ़ैंचा की हरी खाद द्वारा मृदा की उर्वरा शक्ति बढ़ाना

सनई की हरी खाद

ढ़ैंचा की हरी खाद

❒❒❒

अध्याय 12

प्रेसमड

मिट्टी, पानी और बयार, इन पर करो न अत्याचार। यह बात सिर्फ नारा नही आज की जरूरत है। बढ़ते प्रदूषण को रोकने के लिए सावधानी बरतनी बेहद जरूरी है। पर्यावरण –संरक्षण की दिशा में जितनी जरूरत हरियाली की चादर को बचाने व बढ़ाने की है उतनी ही जरूरत कूड़े–कचरे को सही ढंग से निस्तारण करना भी है। शहरों में घरेलू कूड़ा एवं गाँवों में कृषि अपशिष्ट तथा उद्योगों से निकलने वाला कचरा सुरसा मुख की भांति बढ़ रहा है। भारतीय उद्योग जगत में सूती वस्त्र उद्योग के बाद वृहद्ता की दृष्टि से चीनी उद्योग का नम्बर आता है। देश के 20 राज्यों में इस समय 453 चीनी के कारखाने तथा इससे दुगनी खांडसारी इकाइयां (केन क्रेशर्स) हैं। गन्ने से चीनी और खांडसारी दाना बनाने के दौरान पकाए हुए मीठे गर्म रस को साफ करने के लिए फिल्टर क्लाथ से छन्ना जाता है। इस प्रक्रिया से गुजरने पर साफ छानित रस अलग और उसकी अशुद्धियां अलग हो जाती हैं। कीचड़ के रूप में जो गन्ने का मैल बचता है, उसे प्रेसमड कहा जाता है। चीनी मिलों के इर्द–गिर्द यह कचरा भारी मात्रा में इकट्ठा होता रहता है। इसके सड़ने से भारी दुर्गन्ध फैलती है तथा गंदगी बढ़ती है या इसे ईंधन के रूप में ईंट पकाने वाले भट्टों में जला दिया जाता है। हमारे देश में औद्योगिक विकास का प्रकाश फैल रहा है लेकिन औद्योगिक कचरे से उत्पन्न प्रदूषण की समस्या भी मुंह बाए खड़ी है। इसलिए आवश्यकता इस बात की है कि आज अपशिष्ट प्रबंधन पर विशेष जोर दिया जाए। यही समय की मांग और वक्त का तकाजा भी है। गन्ना शोध से जुड़े वैज्ञानिकों ने प्रेसमड से बेहतर खाद बनाने का तरीका निकाला है।

सारणी 1. प्रेसमड आधारित कार्बनिक खाद में तत्वों का संगठन

क्र.सं.	तत्व	विघटन से पूर्व (% मात्रा)	विघटन पश्चात् (% मात्रा)
1	आर्गेनिक कार्बन	35–40	20.00–25.00
2	नाइट्रोजन	1.00–1.30	1.60–2.00
3	फॉस्फोरस	0.60–2.00	1.12–2.50
4	पोटाश	0.30–1.50	0.6–1.80
5	सल्फर	1.00–2.00	1.50–2.50
6	कॉपर, मैगनीज, जिंक	सूक्ष्म	सूक्ष्म
7	सी एन अनुपात	30.35:51	15:1
8	पी. एच.	6.50	7.00

गड्डा का आकार एवं बनाने की विधि: 10–15 मीटर लम्बा, 1.5 मी. चौड़ा व 1 मी. गहरा गड्ढा बनाकर उसमें कूड़े–करकट व सूखी हुई पत्तियों आदि की 15 सेंमी. की एक तह लगाते हैं। उसे पानी छिड़क कर 60 प्रतिशत नमी युक्त कर देते है। इसके बाद 500 लीटर पानी में 100 कि.ग्रा. गोबर व 1 कि.ग्रा. जीवाणु कल्चर का घोल प्रति टन प्रेसमड छनित मैल की दर से डालते हैं। इस सतह के ऊपर 15 सेंमी. मोटी परत प्रेसमड की लगाकर 8 कि.ग्रा. यूरिया व 10 कि.ग्रा. सिंगल सुपरफॉस्फेट प्रति टन की दर से डाला जाता है। गड्ढा भरने तक यही क्रम चलता रहता है। ऊपर से गोबर, मिट्टी व गन्ने की मैली के मिश्रण से ढंक दिया जाता है। लम्बाई की ओर 1–2 फीट जगह हवा संचरण के लिए खाली छोड़ दी जाती है। उत्तर प्रदेश गन्ना शोध परिषद, शाहजहांपुर के वैज्ञानिकों ने जैविक पदार्थों को शीघ्र सड़ाने के आर्गेनोडीकम्पोजर, नाइट्रोजन के स्थिरीकरण के लिए एजोटोबैक्टर कल्चर व फॉस्फोरस की उपलब्धता बढ़ाने के लिए पी एस बी अर्थात् फॉस्फोरस घोलक जीवाणु का उत्पादन प्रारम्भ किया है। जैविक एवं कार्बनिक उर्वरकों का प्रयोग बढ़ाने की दिशा में यह एक अच्छा कदम है। इन घोलक जीवाणुओं को अच्छी गुणवत्ता वाली खाद बनाने में प्रयोग करते हैं।

प्रयोग से लाभ: इनके उपयोग करने से कृषि लागत में कमी आती है। साथ ही साथ मिट्टी के उपजाऊपन में सुधार होता है जिससे फसलों का उत्पादन बढ़ता है। भूमि की जल धारण क्षमता व वायु संचारण में वृद्धि होती है। सिंचाई में पानी की बचत होती है। प्रदूषण घटता है तथा उपज की गुणवत्ता बढ़ती है। साथ में कृषि आधारित कार्बनिक पदार्थों का पुनर्चक्रण होने लगता है। भारत में निजी क्षेत्र की कई प्रमुख चीनी कारखाने, गोला, बिसवा, बलरामपुर, स्यौहारा व धामपुर आदि में प्रेसमड से बनी बायोकम्पोस्ट किसानों को उपलब्ध कराने का काम कर भी रही है। आवश्यकता कृषकों में रुचि जागृत करने की है, क्योंकि रासायनिक उर्वरकों के अविवेकपूर्ण इस्तेमाल व अधिक उपयोग होने से मिट्टी खराब हो रही है।

प्रेसमड से वर्मीकम्पोस्ट बनानाः गन्ने की मैली से वर्मीकम्पोस्ट तैयार करने के लिए भी गड्ढा प्रेसमेड की भांति खोदा जाता है। कूड़े की तह लगाकर 50 दिन बाद केंचुओं से मैली विघटित कराई जाती है। गड्ढे के ऊपर टिनशेड तथा नीचे पक्का प्लेटफार्म बनाया जाता है। प्रति टन 1–2 कि.ग्रा. की दर से केंचुए उस अधसड़े ढ़ेर में छोड दिये जाते हैं। इसमें नमी को 60 प्रतिशत तथा तापक्रम को 30° सेल्सियस रखना चाहिए। 120–145 दिनों में केंचुए खाद को तैयार कर देते है। तैयार वर्मीकम्पोस्ट को छानकर केंचुए अलग कर लिये जाते हैं। तैयार खाद को खेतों में डाल दिया जाता है। इस प्रकार से गन्ने के अपशिष्ट पदार्थो से बढ़िया क्वालिटी की जैविक खाद तैयार की जा सकती है। देश के प्रगतिशील गन्ना उत्पादन कृषक तथा चीनी कारखाने बड़े पैमाने पर खाद बनाकर उपयोग कर रहे हैं।

❑❑❑

अध्याय 13

नील हरित शैवाल

नील हरित शैवालः नील हरित काई प्रमुख रूप से कुछ ऐसे विशेष सूक्ष्म जीवाणुओं समूह है जो वायुमण्डल में उपस्थित गैसीय नत्रजन तत्व को स्थिरीकरण करने की क्षमता रखता है। नील हरित शैवाल का प्रयोग धान फसल में किया जाता है। नील हरित शैवाल सभी तरह की मृदाओं तथा विभिन्न जलवायु में पाई जाती है और नत्रजन आपूर्ति में इनका भी काफी योगदान होता है। यह शैवाल मिट्टी के समान सूखे पपडी जैसे टुकड़े होते हैं। कृषि में शैवाल खाद के लिये प्रयुक्त मुख्य जातियां ऑलोसिरा, टोलिपेथ्रिक्स, सायटोनिमा, नास्टॉक, एनाबिना इत्यादि हैं। नील हरित शैवाल को किसी भी ऋतु में धान के खेत में सफलतापूर्वक उपयोग किया जा सकता है। इस फसल के खेत में ये शैवाल 20 से 30 किलोग्राम प्रति हैक्टेयर नत्रजन का स्थिरीकरण स्वतंत्र रूप से कर सकता है।

यह देखा गया है कि नील हरित शैवाल से धान की फसल की एक तिहाई नत्रजन की आपूर्ति की जा सकती है। साधारण रूप से ये 20 से 30 किलोग्राम प्रति हैक्टेयर स्वतंत्र वायुमण्डलीय नत्रजन का स्थिरीकरण करता है। इसका प्रयोग सुपरफास्फेट के साथ अधिक लाभकारी पाया गया है। स्थिर की गई नत्रजन का कुछ भाग मुख्य फसल को व शेष मात्रा आगामी फसल को उपलब्ध होती है। शैवाल द्वारा मृदा कार्बन में भी वृद्धि होती है जिससे मृदा के भौतिक गुणों में सुधार होता है। ये शैवाल कुछ वृद्धिकारक व हारमोन की मात्रा बढ़ाने में भी सहायक होती हैं।

नील हरित काई बनाना

1. **टांका विधिः** नील हरित काई तैयार करने के लिये 12x4x1 फीट आकार का टांका कच्चा अथवा पक्का जमीन के अन्दर तैयार किया जाता है। कच्चे टांके में पानी के रिसाव को रोकने के लिये पोलीथिन बिछाया जाता है। टांका तैयार होने के पश्चात् 6 इंच मिट्टी बिछाकर पानी से पूरा भर दिया जाता है। इसके पश्चात 2–3 दिन तक जब पानी साफ हो जाये तब उसमे 3 किलोग्राम सुपरफास्फेट 1/2 किलोग्राम चूना तथा एक पैकेट (200 ग्राम) नील हरित काई मदर कल्चर डालते हैं। जब तापमान 30–40 डिग्री सेल्सियस के बीच हो तब नील हरित शैवाल का उत्पादन किया जावे। यह तापमान फरवरी–मार्च से जून–जुलाई माह में प्राप्त हो जाता है।

सामग्री डालने के 4–5 दिन बाद थोड़ी–थोड़ी काई बननी प्रारम्भ हो जाती है। 10–15 दिन पश्चात् पानी के ऊपर नील हरित काई की एक मोटी तह निर्मित होती है जिसे अलग कर छाया में सुखाते हैं। यही सूखी हुई काई नील हरित काई मदर कल्चर कहलाता है जिसे पुनः नील हरित काई तैयार करने में प्रयोग किया जा सकता है। इस तरह ऊपर तैरती हुई काई को अलग करते जाते हैं और छाया में सुखाकर एकत्रित करते रहते हैं। तदनुपरान्त टांके का पूरा पानी सूखने के पश्चात् टांके की मिट्‌टी की 1 इंच मोटी परत निकालकर छाया में सुखाते हैं। इस सूखी हुई 10–12 किलोग्राम नील हरित काई को 50 किलोग्राम पकी हुई गोबर की खाद में प्रति हैक्टेयर के हिसाब से धान के खेत मे रोपाई के समय छिड़क देते हैं।

2. **शेलोपिटः** उथली गेलवानाईज्ड (15 x 7.5 x 22.5 सेंमी.) आयरन सीट ट्रे या ईंट व मोंटार या पिटस नील हरित शैवाल तैयार करने में प्रयोग करते हैं। यह खुली हवादार विधि है जो आई.ए.आर.आई., नई दिल्ली द्वारा विकसित की गई है। पिट बनाने हेतु पोलीथीन भी प्रयोग कर सकते हैं। यदि अधिक मदर कल्चर तैयार कर रहे हों तो इनकी साईज एवं संख्या बढ़ा सकते हैं। लगभग 10 किलो मृदा एवं 200 ग्राम सुपरफास्फेट प्रति ट्रे के हिसाब से मिलाकर डाल देते हैं। ट्रे में 5 से 15 सेंमी तक पानी भर देते हैं। पानी की मात्रा वाष्पीकरण एवं स्थानीय दशाओं पर निर्भर करती है। साफ पानी होने पर ट्रे के खड़े पानी में मदर कल्चर का छिड़काव देते हैं। गर्मी के दिनों में शैवाल की बढवार तेजी से होती है जो एक सप्ताह में हरित काई की मोटी तह निर्मित होगी। यदि वाष्पीकरण की दर ज्यादा है तो पानी अधिक डालें। हरित काई की बढ़वार पर्याप्त हो जावे तो पानी डालना बंद कर देवें तथा सूखने देवें। इस सूखी काई को ट्रे की सतह पर इकट्‌ठा कर बैग में संग्रह कर लेवें ताकि आगामी फसल हेतु खेत में प्रयोग किया जा सकें। एक ट्रे की मिट्‌टी से तीन से चार कटाई ले सकते हैं। उसके बाद प्रत्येक ट्रे में मिट्‌टी को बदलना जरूरी है। नील हरित काई उत्पादन के दौरान कीटों की बढ़वार व प्रकोप की रोकथाम हेतु फोलीडोल (0.001 पीपीएम) या मेलाथियान (0.0075 पीपीएम) या कार्बोफ्यूरान (3 प्रतिशत दानेदार) का प्रयोग कर सकते हैं।

प्रयोग विधिः नील हरित शैवाल का मुख्यतः धान की फसल में प्रयोग होता है। साधारणतया 10–12 किलो जैव खाद धान की रोपाई से एक सप्ताह बाद, खेत में भरे पानी में समान रूप से छिड़क दिये जाते हैं। इसका अधिक प्रयोग भी हानिकारक नहीं होता है। यदि धान की फसल में पूर्व में नत्रजन नहीं दिया गया है तो उपरोक्त मात्रा को दुगुना किया जा सकता है।

एजोला एनाबीना सिम्बिओसिसः धान की खेती में अजोला एक कार्बनिक खाद का काम करता है जिसे सर्वप्रथम वियतनाम में 1957 में देखा गया। यह एक छोटी तैरने वाली

फर्न है जो प्रकृति में सभी जगह विद्यमान है जिसकी पत्ती में Blue-green algae symbiont (*Anabaena azollae*) होता है जो नत्रजन स्थिरीकरण (N-fixation) करता है। 20–50 किलो प्रति हैक्टेयर तक एजोला का प्रयोग धान में 2 तरीके से किया जाता है– एक धान की खेती से पूर्व खेत में हरी खाद के रूप में भूमि में मिलाना दूसरी दोनों ही की फसलें dual cropping अर्थात् धान की खड़ी फसल में एजोला उगाना, चूंकि इसे हरी खाद के रूप में धान में सह–फसल पद्धति में ले सकते है, 10 टन ताजा अजोला प्रति हैक्टेयर धान की रोपाई से पूर्व भूमि में मिलाया जाता है, जिसे पहले कहीं पानी भरी जगह में नर्सरी में तैयार कर लेते हैं। नर्सरी में गोबर की खाद, सुपर फॉस्फेट व फ्यूराडन मिलाया जाए तभी एजोला फर्म अच्छी उपज (bio-mass) देगी, उसे निकालकर तब धान के खेत में मिलाएं। धान की लम्बी अवधि की किस्मों के लिए dual-cropping (धान + एलोजा) अच्छी रहती है। आज आवश्यकता है Dry Azolla तकनीक तथा उसकी अच्छी किस्मों के विकास की। एजोला की अच्छी वृद्धि के लिए 30 किग्रा. P_2O_5 प्रति हैक्टेयर सुपर फॉस्फेट से देना चाहिए। 5–15 टन ताजा अजोला या 2.5–5 टन कम्पोस्ट पाउडर प्रति हैक्टेयर डालने से धान की उपज में 13–33 प्रतिशत की वृद्धि होती है।

❑❑❑

अध्याय 14

जीवाणु खादें

हमारे देश में पिछले कुछ वर्षों में कीटनाशक व रासायनिक उर्वरकों के अंधाधुंध प्रयोग से जहाँ एक ओर कृषि उत्पादन बढ़ा है वहीं दूसरी ओर हमारी भूमि की उर्वरा शक्ति व पी. एच.पर भी प्रतिकूल प्रभाव पड़ा है। आधुनिक कृषि में नत्रजन एवं फास्फोरस की भरपूर मात्रा की आपूर्ति केवल रासायनिक उर्वरकों से कर पाना छोटे और मध्यम श्रेणी के किसानों की क्षमता से परे है, क्योंकि पेट्रोलियम पदार्थों की कीमत अधिक होने से रासायनिक उर्वरकों की कीमतें बढ़ने लगी हैं। इसका उत्पादन पेट्रोलियम ऊर्जा पर निर्भर करता है जिससे ये महंगे होते जा रहे हैं। आजकल की परिस्थिति में नत्रजनधारी व स्फुरीयधारी उर्वरकों के साथ–साथ इन उर्वरकों के वैकल्पिक स्त्रोतों का उपयोग न केवल आर्थिक दृष्टि से महत्वपूर्ण है, बल्कि भूमि की उर्वरा शक्ति को बनाये रखने व प्रदूषण रहित रखने के लिये बेहद जरूरी है। फसलों द्वारा भूमि से लिये जाने वाले प्राथमिक मुख्य पोषक तत्वों नत्रजन, फॉस्फोरस और पोटाश में से नत्रजन का सबसे ज्यादा अवशोषण होता है, क्योंकि इस तत्व की सबसे अधिक आवश्यकता होती है। अनुसंधान के परिणाम दर्शाते हैं कि खेत में डाले गये नत्रजन का 40–50 प्रतिशत ही फसलों द्वारा उपयोग किया जाता हैं और शेष 50–60 प्रतिशत भाग या तो पानी के साथ बह जाता है या रासायनिक क्रिया के फलस्वरूप गैस के रूप में परिवर्तित होकर वायुमंडल में मिल जाता है या भूमि में ही अस्थायी बंधक होकर रह जाता है, अन्य पोषक तत्वों की तुलना में भूमि के अंदर उपलब्ध नत्रजन की मात्रा सबसे न्यून स्तर की होती है। यदि प्रति किलो पोषक तत्व पर ध्यान दें तो ज्ञात होता है कि नत्रजन ही सबसे अधिक कीमती है। राइजोबियम जीवाणु नत्रजन स्थिरीकरण क्रिया द्वारा व एजोटोबेक्टर मुक्त जीवी वायुमंडलीय नत्रजन का स्थिरीकरण करके स्त्रावित कर फसलों को नत्रजन उपलब्ध कराते हैं।

नाइट्रोजन के बाद फॉस्फोरस पौधों की वृद्धि के लिए दूसरा आवश्यक प्रमुख पोषक तत्व है। फॉस्फोरस का उपयोग समान रूप से पौधों एवं जीवाणुओं द्वारा किया जाता है। लगभग 98 प्रतिशत भारतीय मृदा में उपलब्ध फॉस्फोरस की कमी पाई जाती है। इतना ही नहीं, मृदा में डाली गई फास्फेटिक उर्वरक की मात्रा का पहले वर्ष 20–25 प्रतिशत, दूसरे वर्ष 10–15 प्रतिशत एवं तीसरे वर्ष में 5 प्रतिशत ही पौधों को उपलब्ध हो पाता है। शेष मात्रा अनुपलब्ध अवस्था में मृदा में स्थिर हो जाती है। जिस मृदा में कैल्शियम, एल्यूमीनियम एवं कार्बोनेट खनिज लवणों की मात्रा ज्यादा होती है, उस मृदा में 100 प्रतिशत तक

फास्फोटिक उर्वरक को पौधे अपने उपयोग में नहीं ला पाते हैं। अतः ऐसी अवस्था में फास्फेट सोलुबिलाइजिंग विलायक सूक्ष्म जीवाणु कल्चर के उपयोग द्वारा इस अनुपलब्ध अथवा स्थिर फॉस्फोरस को उपलब्ध एवं घुलनशील अवस्था में बदलकर पौधों में फॉस्फोरस की पूर्ति की जा सकती है। भारतवर्ष में लगभग 150–180 मिलियन टन रॉक फास्फेट का भंडार है जो कि खराब गुणवत्ता एवं अशुद्ध होने से सुपरफास्फेट बनाने के काम में नहीं लाया जा रहा है। अतः इसका इसी रूप में उर्वरकों के समान, कैल्शियम युक्त क्षारीय मृदा में विभिन्न विलायकों के साथ गड्ढे में 80–100 दिन तक कम्पोस्टिंग करके सुपरफास्फेट व डीएपी के विकल्प के रूप में उपयोग किया जा सकता है। मृदा में रॉक फास्फेट देने के साथ–साथ बीज को यदि राइजोबियम एवं फॉस्फेटिक सूक्ष्म जीवाणु कल्चर से उपचारित कर दिया जाये तो सोयाबीन, अरहर, मक्का, मूँगफली व सरसों की अधिक पैदावार ली जा सकती है। इससे महंगे सुपरफास्फेट उर्वरक की बचत के साथ–साथ रॉक फास्फेट एवं फास्फेटिक जैव उर्वरक का उपयोग फास्फोरस स्त्रोत का एक अच्छा विकल्प बन सकता है तथा प्रचलित फास्फेटिक उर्वरकों, जैसे– डी.ए.पी. एवं सुपरफास्फेट बनाने में काम में ली जाने वाली सामग्री को खरीदने में होने वाले खर्च को कम कर विदेशी मुद्रा बचाई जा सकती है। अखिल भारतीय सोयाबीन परियोजना, सीहौर (म.प्र) एवं आर.एस.एम.एम. द्वारा इस प्रकार के प्रयोग विभिन्न जिलों में पिछलें 4–5 वर्षो में किये गये एवं सोयाबीन, अरहर, मूँगफली की अधिक पैदावार ली गई।

जैव उर्वरक/जीवाणु खाद क्या है ? सभी प्रकार के पौधों की अच्छी वृद्वि और विकास के लिये मनुष्य की तरह पौधों को मुख्यतः 16 पोषक तत्वों (कार्बन, हाइड्रोजन, ऑक्सीजन, नाइट्रोजन, फॉस्फोरस, पोटाश, कैल्शियम, मैग्नीशियम, गंधक, लोहा, मैंगनीज, बोरान, जस्ता, तांबा, मालिब्डिनम और क्लोरीन) की आवश्यकता होती है। इनमें नाइट्रोजन, फास्फोरस, पोटाश और गंधक अति आवश्यक पोषक तत्व हैं। ये पौधों को रासायनिक उर्वरक, कार्बनिक/प्राकृतिक खाद (गोबर/कम्पोस्ट की सड़ी खाद, वर्मीकम्पोस्ट, हरी खाद, खलियाँ, मछली की खाद, हड्डी का चूरा आदि) द्वारा और जीवाणुओं स्थिरीकरण क्रिया द्वारा प्राप्त होते हैं।

जीवाणु खादः ऐसे प्राकृतिक जीवाणुओं का समूह है जिनकों लिग्नाइट धारक के माध्यम से वैज्ञानिक विधियों द्वारा तैयार कर पॉलिथीन की थैलियों में बंद कर कृषकों को बीज, भूमि व पौधे उपचार हेतु उपलब्ध कराया जाता है, जो वायुमंडलीय नाइट्रोजन को अमोनिया में और भूमि में विद्यमान निष्क्रिय तथा अघुलनशील तत्वों को उपयोग योग्य बनाकर पौधों को उपलब्ध कराने में समर्थ होते हैं। जीवाणु खाद ऐसे ही जीवाणुओं का उत्पाद है, जो सब तरह के पौधों को नाइट्रोजन, फॉस्फोरस, पोटाश इत्यादि की उपलब्धता बढ़ाता है। इसलिए समय–समय पर कार्बनिक पदार्थों का प्रयोग आवश्यक है।

जीवाणु खादों का वर्गीकरणः इन्हे तीन श्रेणीयों में विभक्त किया गया हैः

(A) N-fixing Biofertilizers

1. Symbiotic Nitrogen Fixers :
   a) Rhizobium : *R. Species*
   b) Azolla : *Anabaena azollae*
2. Asymbiotic N Fixers :
   a) Azotobactor (Nonsymbiotic)
   b) Blue Green Algae (BGA) *Viz. Nostoc, Anabaena*
3. Associate Nitrogen Fixers
   a) Azospirillum

(B) Phosphate Mobilizers

1. Phosphate Solubilizers Viz. *Bacillus megaterium, Pseudomonas striata, Penicillium*
2. Phosphate Absorbers : VAM Fungi:

(C) Organic matter Decomposing Biofertilizers

1. Cellulose Decomposing Micro-organisms : Viz. *Trichoderma, Aspergillus,Penicillium* fungi and bacteria, such as Actinomycetes, Streptomyces, *Clostridium, etc.*
2. Lignin decomposing *Fungi: Ex. Cephalosporium, Humicola,* etc. white rot fungi are most active.

सारणी 1. दलहनी फसलों में नाइट्रोजन स्थिर करने वाले जीवाणु

सूक्ष्म जीवाणु	वर्ग का नाम	फसलें
राइजोबियम मैलीलोटी	रिजका वर्ग	रिजका, स्वीट फ्लॉवर
राइजोबियम ट्राईफोली	तिपतिया वर्ग	बरसीम
राइजोबियम लेग्यूमिनोसारम	मटर वर्ग	मटर, मसूर
राइजोबियम फेजियोली	बीन वर्ग	सेम, मोंठ
राइजोबियम जैपोनीकम	सोयाबीन वर्ग	सोयाबीन
राइजोबियम ल्यूपिनी	ल्यूपीन वर्ग	ल्यूपीन
राइजोबियम (स्पीसिस)	लोबिया वर्ग	लोबिया, सेम, मूँगफली

जैव उर्वरक प्रयोग की विधियाँ एवं मात्राः जैव उर्वरक का प्रयोग कल्चर व तरल रूप में किया जाता है। तरल रूप में जैव उर्वरक अजोटोमील व फास्फोमील के नाम से स्थानीय बाजार में उपलब्ध है व सुविधानुसार किसी भी रूप में जैव उर्वरक का प्रयोग फसलों में किया जा सकता है।

1. **बीजोपचार :** एक लीटर पानी में 100–125 ग्राम गुड़/चीनी को घोलकर हल्का–सा उबाल लो और इसे ठंडा करके 200–250 ग्राम का जैव उर्वरक के तीन पैकेट को खोलकर डालें तथा किसी भी साफ लकड़ी से खूब अच्छी तरह हिलाकर घोल तैयार कर लें, तदुपरांत एक हैक्टेयर पर लगने वाले बीज को किसी चौड़े बर्तन या पक्के फर्श पर फैलाकर उक्त तैयार घोल को बीज के ऊपर समान रूप से छिड़क कर हल्के हाथों से ऐसे मिलायें कि प्रत्येक बीज पर कल्चर की एक हल्की–सी परत चढ़ जाये।
2. **पौध उपचारः** आवश्यकतानुसार जैव उर्वरक की प्रति किलोग्राम मात्रा को 4–5 लीटर पानी के हिसाब से किसी चौड़े मुँह वाले बर्तन में घोल बनायें। इसके बाद तैयार घोल में पौध की जड़ों को 15–20 मिनट तक डुबोकर उपचारित कर लें तथा उपचारित पौध की खेत में रोपाई कर दें।
3. **कन्द उपचारः** आवश्यकतानुसार जैव उर्वरक की मात्रा को 15 लीटर पानी एक किलोग्राम जैव उर्वरक की दर से घोल बनाकर कंदों को 10–15 मिनट तक डुबोये रखें। तत्पश्चात् उपचारित कंदों की तुरत बुवाई कर दें।
4. **मृदा उपचारः**

   अ) **मृदा के कूड़ों में डालकरः** इस विधि में 2–3 किलो जीवाणु खाद प्रति हैक्टेयर की दर से 50–60 किलोग्राम गोबर/कम्पोस्ट की सड़ी खाद या वर्मी कम्पोस्ट या नम उपजाऊ मिट्टी में मिलाकर बुवाई के पहले कूड़ों में डालते हैं। इसके तुरन्त बाद बोनी कर देते हैं।

   ब) **सतह पर बिखेरनाः** यदि जैव उर्वरक को खेत में बिखेरना हो तो 2–3 किलोग्राम कल्चर/हैक्टेयर 50 कि.ग्रा. गोबर की खाद के साथ मिलाकर मृदा सतह पर बिखेर कर मिट्टी में मिला देते हैं। यदि खेत में नमी न हो तो तुरन्त हल्की सिंचाई कर देते हैं। लेकिन ये विधि बीजोपचार विधि की तुलना में महंगी एवं कम लाभकारी है।

फास्फेट सोलुबिलाइजिंग सूक्ष्म जीवाणु (पी.एस.एम.): फॉस्फेट घोलक सूक्ष्म जीवाणु में कई समूह के सूक्ष्म जीवाणुओं का समावेश है जो कि स्थिर अधुलनशील अकार्बनिक एवं कार्बनिक फास्फेट, जैसे– ट्राइकैल्शियम, फेरिक, एल्यूमीनियम, रॉक फास्फेट एवं हड्डी के चूर्ण को घुलनशील एवं उपलब्ध अवस्था में बदल देते हैं। इस घुलनशील फॉस्फोरस का कुछ भाग वे स्वतः उपयोग कर लेते हैं तथा शेष मात्रा को

पौधों द्वारा उपयोग में लिया जाता है। स्यूडोमोनास स्ट्रेइटा, बेसिल्स पोलीमाइक्सा, बैसिल्स मैगाफास्फेटिकम एवं बैसिल्स सरकुलान्स तथा फफूंद, जैसे–एस्परजिलस, अवामोरी, एस्परजिलस नाइजर एवं ट्राइकोडर्मा स्पीसीज आदि फॉस्फोरस विलायक (घोलक) सूक्ष्म जीवाणु हैं जिनको घोलक के रूप में उपयोग में लिया जाता है।

फास्फेटिक सोलुबिलाइजर (विलायक) की क्रियाविधिः फॉस्फेटिक घोलक सूक्ष्म जीवाणु कार्बनिक पदार्थों के अपचयन की क्रिया से कार्बनिक अम्ल, जैसे कि ग्लाइआक्जेलिक, साइट्रिक, ऑक्जेलिक, टारटेरिक, अल्फा–कीटों ब्यूटारिक, सक्सेनिक, फोलिक, मेलिक एसिड, प्रोपायोनिक एसिड का निर्माण करते हैं जो कि मृदा का पी.एच. हल्का–सा कम कर देते हैं तथा ट्राइकैल्शियम एवं रॉक फास्फेट के कणों का आकार छोटा करते हैं। कार्बनिक अम्लों द्वारा एल्यूमीनियम, कैल्शियम, आयरन एवं मैग्नीशियम के स्टेबिल कॉम्पलेक्स बनते हैं, जिससे अकार्बनिक, स्थिर एवं अघुलनशील फॉस्फोरस, घुलनशील अवस्था में बदल जाता है जो आवश्यकतानुसार पौधों को उपलब्ध होता रहता है। इसके अलावा ये सूक्ष्म जीवाणु कार्बनिक फॉस्फोरस को भी लवणीकरण करके घुलनशील अवस्था में बदलते हैं। ये संपूर्ण क्रिया पौधों की जड़ों के आसपास वाले क्षेत्र (राइजोस्फियर) में संपन्न होती है। ये सूक्ष्म जीवाणु वृद्धिकारक हार्मोन्स, जैसे कि इन्डोल ऐसिटिक एसिड, जिबरेलिन एसिड एवं ऑक्जीन का भी निर्माण करते हैं जो कि पौधों की वृद्धि में सहायक होते हैं।

फास्फेट जीवाणु खाद से लाभः इसके प्रयोग से निम्नलिखित लाभ हैंः

- यह जीवाणु खाद फसलों की जड़ों में स्थिर, अनुपलब्ध कार्बनिक एवं अकार्बनिक फॉस्फोरस को घोलकर उपलब्ध फॉस्फोरस में बदलकर फसलों की जड़ों में स्फुर की उपलब्धता बढ़ाता है।
- रॉक फास्फेट जैव उर्वरक के साथ कम्पोस्टिंग करके देने पर सामान्य या क्षारीय मृदा में भी इसकी उपलब्धता को बढ़ाता है तथा पौधे को आवश्यकतानुसार फॉस्फोरस मिलता रहता है। इसके प्रयोग से सुपरफास्फेट की मात्रा में 40–50 प्रतिशत तक कटौती की जा सकती है।
- इसका प्रयोग सुपरफास्फेट के साथ करने पर सुपरफास्फेट में फॉस्फोरस की उपलब्ध ाता में वृद्धि होती है। अनुसंधानों के परिणामों से यह सिद्ध हो गया है कि जीवाणु खाद के प्रयोग से 30–50 प्रतिशत तक सुपरफास्फेट की मात्रा में आसानी से बचत की जा सकती है।
- इसके प्रयोग से जड़ों की वृद्धि और विकास अच्छा होता है, जिससे पौधों में कीट व रोग का आक्रमण कम अर्थात् पौधे स्वस्थ बने रहते हैं।
- इसके प्रयोग से दलहनी फसलों में जड़ें ज्यादा, गाठें बड़ी–बडी एवं अधिक बनती हैं जिससे नाइट्रोजन स्थिरीकरण क्रिया में वृद्धि होती है।
- यह एक सस्ता जैव उर्वरक है एवं सभी फसलों में दिया जा सकता है।

रॉक फास्फेट विलेयीकरण क्रिया को प्रभावित करने वाले कारकः फास्फेट जैव उर्वरक एवं रॉक फास्फेट देने पर इसमें फास्फेट घोलने की क्रिया निम्न कारकों से प्रभावित होती है जिससे रॉक फास्फेट एवं फास्फेट जैव उर्वरक का प्रभाव कम असरकारक होता है:

1. **कार्बन स्त्रोतः** सूक्ष्म जीवाणुओं के लिए ग्लूकोज एवं जाइलेज सबसे अच्छे स्त्रोत माने गये हैं। इसके बाद यीस्ट एवं मृदा एक्सट्रेक्ट माने गये हैं अर्थात् कार्बनिक पदार्थों का मिश्रण इनका अच्छा स्रोत माना गया है।
2. **नाइट्रोजन स्त्रोतः** फास्फेट विलेयकारी जीवाणुओं के लिए अमोनियम सल्फेट सबसे अच्छा स्रोत माना गया है। जबकि एस्परजिलस स्पीसीज एवं पैनिसिलियम डाइजिटेटम के लिए क्रमशः अमोनियम नाइट्रेट एवं सोडियम नाइट्रेट अच्छा स्रोत है।
3. **रॉक फास्फेट की सांद्रता एवं कणों का आकारः** रॉक फास्फेट की कम मात्रा होने पर विलेयीकरण अच्छा होता है। इसी प्रकार रॉक फास्फेट के कणों का आकार 74 एवं 150 मैस है तो फास्फेट का विलेयीकरण अधिक मात्रा में होता है।
4. **पी.एच.मानः** पी.एच. मान 5–6 के बीच होने पर फास्फेट विलेयकारी सूक्ष्म जीवाणुओं की क्रियाशीलता अधिक होती है। पी.एच. मान 7–8 होने पर फास्फेट विलेयकारी फफूंदी की क्रियाशीलता कम होने लगती है।
5. **तापमानः** सूक्ष्म जीवाणुओं के लिए उपयुक्त तापमान 25 से 30 डिग्री सेल्सियस अच्छा माना जाता है। 35 से 40 डिग्री सेल्सियस तापमान पर सूक्ष्म जीवाणुओं की क्रियाशीलता पर बुरा प्रभाव पड़ता है।
6. **वायु संचारः** मृदा में उपयुक्त वायु संचार होने पर रॉक फास्फेट का विलेयीकरण अधिक मात्रा में होता है। सबसे अधिक फास्फेट विलेयीकरण 2 से 3 सप्ताह के बीच होता है।

नत्रजन स्थिरीकरण करने वाले जीवाणुः ये जीवाणु कई प्रकार के होते हैं। वायुमण्डलीय नत्रजन के स्थिरीकरण करने वाले जीवाणु को मुख्यतः दो भागों में बांटा जा सकता है:

1. सहजीवी जीवाणु (राईजोबियम अथवा ब्रेडीराइजोबियम)
2. मुक्तजीवी जीवाणु (एजोटोबेक्टर एजोस्पिरिलम, अजोला व शैवाल)

1. **सहजीवी जीवाणु (राईजोबियम):** वातावरण में 80 प्रतिशत नत्रजन है। एक हैक्टेयर भूमि पर लगभग दो हजार टन नत्रजन वातावरण में उपलब्ध है। इस नत्रजन का सूक्ष्म जीवाणुओं के माध्यम से वातावरण से लेकर भूमि में स्थिर किया जाता है।

राईजोबियम कल्चर से दलहनी फसलों को उपचारित करने से बैक्टीरिया 50 से 100 किलोग्राम नत्रजन प्रति हैक्टेयर प्रतिवर्ष स्थिरीकरण करते हैं तथा उत्पादन में 10 से 60 प्रतिशत वृद्धि सम्भव है। राइजोबियम कल्चर का उपयोग दलहनी फसलों में 5 से 10 ग्राम प्रति किलो बीज के हिसाब से किया जाता है। इसका उपयोग चना, मटर, ग्वार, रिजंका, मेथी आदि दाल वाली फसलों में किया जाता है। राइजोबियम जीवाणु इन पौधों की जड़ों पर प्रभावी ग्रंथियां बनाता है। इन्हीं जीवाणुओं द्वारा नत्रजन स्थिरीकरण की क्रिया सम्पन्न होती है, अतः ये ग्रंथियां नत्रजन की वृद्धि के लिए उत्तरदायी हैं।

2. **मुक्तजीवी जीवाणु (एजोटोबेक्टर कल्चर)**: इसका उपयोग अदलहनी फसलों सब्जियों, जैसे टमाटर, बैंगन, मिर्च, भिण्डी, गाजर, मूली, तरबूजा, खरबूजा, कुष्माण्ड कुल की सब्जियों एवं अन्य सब्जियों, जैसे लोबिया, फूलगोभी, प्याज एवं लहसुन तथा शस्य फसलें धान, गेहूं, सरसों, मक्का, ज्वार इत्यादि में किया जाता है। एजोटोबेक्टर कल्चर के उपयोग से भूमि में इनकी संख्या बढ़ जाती है तथा ये जीवाणु मुक्त रूप से मृदा में पौधों की जड़ों के आसपास रहते हैं तथा वायुमण्डलीय नत्रजन को स्थिरीकृत कर स्त्रवित करते रहते हैं और पौधों के उपयोग योग्य नत्रजन की मात्रा में वृद्धि करते हैं। ये जीवाणु भूमि में कई प्रकार के सक्रिय पदार्थ तथा विभिन्न वृद्धि नियंत्रक रसायनों को भी स्त्रावित करते हैं जिससे बीजों की अंकुरण क्षमता एवं जड़ों के फैलाव में सुधार होता है।

जीवाणु खाद से लाभ

- जीवाणु खाद के प्रयोग से फसलों की पैदावार में वृद्धि होती है।
- इसके प्रयोग से जमीन में नत्रजन की मात्रा में वृद्धि होती है जो कि आने वाली फसल के लिये भी लाभप्रद होती है। इस प्रकार जीवाणु खाद महंगे रासायनिक खाद का पूरक हैं।
- पौधों की उत्पादन क्षमता में वृद्धि होती है।
- जीवाणु खाद से पौधे का जल्दी और अधिक विकास होता है जिससे पौधे जमीन से ज्यादा पोषक तत्व प्राप्त कर सकते हैं।
- ये जीवाणु अपनी कार्य प्रक्रियाओं द्वारा कई प्रकार के स्राव अपने शरीर से विसर्जित करते हैं जिनमें एन्जाइम, विटामिन बी–12 अनेक प्रकार के वृद्धि नियंत्रक पदार्थ हैं जो कि अंकुरण क्षमता तथा विकास में सहायक होते हैं।
- एजोटोबेक्टर के कई स्त्राव भूमि में विद्यमान हानिकारक फफूंद आदि को कुछ मात्रा में नष्ट करने में सहायक होते हैं जिससे पौधे कई भूमिगत रोगों से अपना बचाव कर सकते हैं।

जीवाणु खाद की अन्य विशेषताएं

- जीवाणु खाद हानिकारक या विषैला नहीं है।
- जीवाणु खाद की कार्य क्षमता उसकी कीमत से कई गुना अधिक है।
- जीवाणु खाद से बीजों या पौधों की जड़ों को उपचारित करना बहुत आसान है।
- जीवाणु खाद के पैकेट्स को एक स्थान से दूसरे स्थान पर ले जाना आसान है।

सावधानियाँ

1. पैकेट पर लिखी फसल के लिये ही उसका प्रयोग करें।
2. पैकेट पर लिखी अन्तिम तारीख से पूर्व प्रयोग करें।
3. सूक्ष्म जीवाणुओं के कल्चर को ठंडे एवं छायादार स्थान पर ही रखे। तेज धूप एवं गर्म हवा से बचायें।
4. अंतिम तिथि से पूर्व प्रयोग करे इसका किसी भी फसल पर प्रयोग किया जा सकता है।
5. तेज रसायनों से बचायें।
6. फफूंदीनाशक दवा एवं कल्चर का साथ–साथ प्रयोग न करे। पहले फफूंदीनाशक दवा से बीजोपचार करें एवं इसके 25–30 मिनट बाद कल्चर मिलायें।
7. उपचारित बीज को 6 घंटे के अंदर बोना शुरू कर देना चाहिए।
8. अम्लीय या क्षारीय भूमि मे उपचारित बीजों के ऊपर कैल्शियम कार्बोनेट या जिप्सम की परत चढ़ाकर ही बुवाई करें।

सारणी 2. रासायनिक खाद से जीवाणु खाद की तुलना

1 किलोग्राम राइजोबियम कल्चर		–100 किलोग्राम नाइट्रोजन
		–215 किलोग्राम यूरिया
		–रू. 800/– की बचत
1 किलो एजोटोबेक्टर		–40 किलो नाइट्रोजन
		–85 किलो यूरिया
		–315/– की बचत
नाम कल्चर		**आपूर्ति या बचत उर्वरक**
200 ग्राम राइजोबियम कल्चर	=	43 किलोग्राम यूरिया
200 ग्राम एजोटोबेक्टर कल्चर	=	17 किलो यूरिया
200 ग्राम फास्फेट कल्चर	=	20 किलो डी.ए.पी.

1. तरल रूप में जैविक उर्वरक (अजोटोमील)

पिछले कुछ वर्षों में कीटनाशकों व रासायनिक खादों के अंधाधुंध प्रयोग से कृषि उत्पादन तो बढ़ा है लेकिन साथ ही साथ हमारी भूमि की उर्वरा शक्ति व पी.एच. पर भी प्रतिकूल प्रभाव पड़ा है, भूमि सुधार के लिए अब हमें रासायनिक खादों को जगह जैविक उर्वरकों (जीवाणु खादों) को अपनाना होगा। इसी क्रम में भारत सरकार के उपक्रम हिन्दुस्तान ऐंटिबायोटिक्स लिमिटेड ने अपनी रिसर्च द्वारा बहु उपयोगी जैविक उर्वरक अजोटोमील को तरल रूप में किसानों की सेवा मे प्रस्तुत किया है।

कार्य प्रणाली: जब अजोटोमील को भूमि व पौधों पर प्रयोग किया जाता है तो यह इनकी कायिक कोशिकाओं में अंकुरित होकर तीन घंटे के अन्दर वातावरणीय नाइट्रोजन को अपनी उपापचयी क्रियाओं द्वारा बदल कर पौधों के लिए नाइट्रेट व अनोनिया के रूप मे उपलब्ध करवाता है।

अजोटोमील के फायदे

1. अजोटोमील 20 से 40 किलोग्राम नाइट्रोजन प्रति हैक्टेयर भूमि व पौधों को उपलब्ध करवाता है।
2. अजोटोमील के प्रयोग से उपज में 20 से 25 प्रतिशत की वृद्धि होती है।
3. अजोटोमील भूमि व पौधों को अपनी जैव क्रियाओं द्वारा उपज वृद्धि कारक व विटामिन उपलब्ध कराता है व अंकुरण प्रतिशत भी बढ़ाता है।
4. अजोटोमील भूमि में पोषक तत्वों के ह्रास को रोककर भूमि को खेती योग्य बनाता है।
5. अजोटोमील आर्थिक दृष्टि से सस्ता, प्रदूषण रहित व ऊर्जा का स्त्रोत है।
6. अजोटोमील सभी फसलों में प्रयोग किया जा सकता है।

प्रयोग विधि

1. **भूमि उपचार**

   - एक लीटर अजोटोमील को 20–30 लीटर पानी के साथ 100 किलोग्राम मिट्टी या कम्पोस्ट खाद में अच्छी तरह मिलाकर रातभर छोड़ दें व सुबह जल्दी एक एकड़ भूमि में छिड़काव कर पानी लगा दें।
   - 10 मिलीलीटर अजोटोमील प्रति लीटर पानी में घोल कर बुआई के लिए तैयार जमीन पर भी छिड़काव कर सकते हैं।

2. **बीज उपचारः** 2–3 मिली लीटर अजोटोमील को प्रति लीटर पानी मे घोल बनाकर इसमे 10 किलो बीज को 15–20 मिनट डुबोने के बाद छाया में सुखाकर बोयें।
3. **पौध (नर्सरी) उपचारः** पौध को लगाने से पहले 3 प्रतिशत अजोटोमील के घोल में 20 मिनट डुबो कर लगायें।
4. **पौधों पर छिड़कावः** 2 मिली लीटर अजोटोमील को 1 लीटर पानी के हिसाब से शाम या जल्दी सुबह पौधों पर छिड़काव करें।

छिड़काव का समय

पहला छिड़कावः बुवाई के 4–5 दिन बाद या पौध लगाने के 30 दिन बाद करें ।

दूसरा व तीसरा छिड़कावः पहले छिड़काव के 15 दिन के अन्तराल पर दूसरा व तीसरा छिड़काव करें।

2. तरल रूप मे जैविक उर्वरक (फास्फोमील)

फास्फोरस पौधों की वृद्धि के लिए नाइट्रोजन के बाद दूसरा आवश्यक प्रमुख पोषक तत्व है, यह भूमि तथा पौधों में कार्बनिक व अकार्बनिक रूप में वृह्द रूप में अघुलनशील अवस्था में पाया जाता है। भारत सरकार के उपक्रम हिन्दुस्तान एंटिबायोटिक्स लिमिटेड ने अपनी रिसर्च द्वारा बहुपयोगी जैविक उर्वरक फास्फोमील पहली बार तरल रूप में किसानों की सेवा में प्रस्तुत किया है।

कार्य प्रणालीः फास्फोमील में फास्फोरस को घुलनशील बनाने वाले जीवाणु होते हैं। फास्फोमील को भूमि या पौधों पर प्रयोग करने से यह इनकी कायिक कोशिकाओं में अंकुरित होकर भूमि में अघुलनशील फास्फोरस को घुलनशील अवस्था में परिवर्तित करते हैं व साथ ही साथ विटामिन्स व वृद्धिकारक भी उपलब्ध कराता है।

फास्फोमील के फायदे

1. फास्फोमील पौधों को 30–50 किलोग्राम फास्फोरस प्रति हैक्टेयर उपलब्ध कराता है।
2. फास्फोमील अपनी जैविक क्रियाओं द्वारा पौध वृद्धिकारक इन्जाइम्स व विटामिन छोड़ते हैं जो कि पौधों की वृद्धि में सहायक होते हैं। अतः यह छिडकाव में भी प्रयोग किया जाता है।
3. फास्फोमील के प्रयोग में उपज मे 20 से 25 प्रतिशत वृद्धि होती है।

4. फास्फोमील भूमि की उर्वरा शक्ति को बनाए रखती है व भूमि को कृषि योग्य बनाने में सहायता करता है।
5. फास्फोमील आर्थिक दृष्टि से सस्ता, प्रदूषण रहित व नयी ऊर्जा का स्त्रोत है।
6. फास्फोमील को सभी फसलों में प्रयोग किया जा सकता है।

प्रयोग विधि

1. **बीज उपचारः** 3 एम.एल. फास्फोमील को प्रति लीटर पानी में घोल बनाकर 10 किलोग्राम बीज को उपचारित कर छाया में सुखाकर बोएं।
2. **पौध (नर्सरी) उचारः** 3 एम.एल. प्रति लीटर पानी में फास्फोमील का घोल बनाकर 20–30 मिनट पौध को उपचारित करने के बाद बोएं।
3. **पौधों पर छिड़कावः** 2–3 एम.एल. फास्फोमील को एक लीटर पानी मे घोल बनाकर छिड़काव करें।
4. **भूमि उपचारः** प्रति एकड़ 2–3 लीटर फास्फोमील को 10 लीटर पानी के साथ 50 किलोग्राम मिट्‌टी या कम्पोस्ट खाद में मिलाकर रात भर रखें व बिजाई से पहले खेत में छिड़क दें। फास्फोमील को 2 एम.एल./लीटर पानी में घोल बनाकर जड़ों के पास छिड़काव कर पानी लगा दें।

छिड़काव का समय

पहला छिड़कावः बिजाई के 4–5 दिन बाद या पौध रोपण के 30 दिन बाद।

दूसरा छिड़कावः फूल आने के समय।

तीसरा छिड़कावः फल बनने के समय।

❑❑❑

अध्याय 15

खली की खाद

खली की खाद सान्द्र कार्बनिक खादों (Concentrated Organic Manure) के वर्ग में आती है। खली की खाद दो प्रकार की खलियों से बनाया जाता है।

1. **खाने योग्य खलियां**: जैसे मूंगफली, तिल, नारियल, सरसों, कपास, कुसुम, सोयाबीन व अलसी आदि।

सारणी 1. खलियों में पोषक तत्वों की मात्रा

खली का नाम	**पोषक तत्वों की अनुमानित मात्रा (प्रतिशत में)**		
खाने के अयोग्य खलियां	**नत्रजन**	**फास्फोरस**	**पोटाश**
महुआ	2.50	0.80	1.85
नीम	5.30	1.00	1.50
अरंडी	4.40	1.90	1.40
करन्ज	4.00	1.00	1.40
जामून	4.95	1.63	1.90
रामतिल	4.73	1.83	1.21
खाने के योग्य खलियां			
मूंगफली	7.30	1.60	1.40
तिल	6.00	2.00	1.20
अलसी	5.50	1.50	1.30
नारियल	3.00	2.00	1.20
सरसों	5.20	1.80	1.20
कुसुम (छिलका रहित)	5.20	2.20	1.90
कपास (छिलका रहित)	4.00	1.90	1.70

2. **खाने के अयोग्य खलियां**: जैसे अरंडी, महुआ, करंज व नीम आदि की खलियां। खलियों में नाइट्रोजन की पर्याप्त मात्रा के साथ–साथ फास्फोरस एवं पोटाश भी अधिक मात्रा में पाये जाते हैं। खलियों में उपलब्ध नाइट्रोजन का तीन चौथाई (75%) भाग पौधों द्वारा प्रथम वर्ष में ही उपयोग हो जाता है। खलियों में उपस्थित पोषक तत्व, जैविक यौगिकों में रहते हैं, वे तभी मिलते हैं, जब खलियों का मिट्टी में विघटन होता है। विघटन के लिए मिट्टी में पर्याप्त नमी आवश्यक है, अतः जहाँ

नमी की कमी रहती हो, (शुष्क क्षेत्रों में व सिंचाई के अभाव में) वहाँ खलियों का प्रयोग नहीं करना चाहिए। खाने के अयोग्य खलियों को ही खाद के रूप में प्रयुक्त करना चाहिए। तेल वाले बीजों से तेल निकालने के बाद बची हुई खली में अच्छी मात्रा में पोषक तत्व होते हैं जो पौधों को जल्दी ही प्राप्त हो जाते हैं। खली में 2–5 प्रतिशत तेल अवश्य होना चाहिए। सोलवेन्ट एक्सट्रेक्ट विधि से तेल निकाली खली की उपयोगिता बहुत कम हो जाती है। फसल की बुवाई के 10–15 दिन पहले 10–12 क्विंटल/हैक्टेयर खली की खाद का प्रयोग करना चाहिये। इन खादों के प्रयोग से जमीन से लगने वाली बीमारियां, जैसे उकठा, अंगमारी व कीड़े जैसे दीमक, सफेद लट, निमेटोड आदि का प्रकोप बहुत कम हो जाता है। नीम या करंज की खली 4 क्विंटल प्रति हैक्टेयर प्रयोग करने से दीमक, सफेद लट व गांठ रोग पैदा करने वाले सूत्रकृमि का प्रकोप प्रयोग बहुत कम हो जाता है। भूमि में उपस्थित पोषक तत्वों की उपलब्धता बढ़ाने के लिये हरी खाद का प्रयोग अच्छा रहता है।

सारणी 2. विभिन्न कार्बनिक खाद में उपलब्ध पोषक तत्वों का तुलनात्मक अध्ययन

	उपलब्ध पोषक तत्व (प्रतिशत में)		
खाद के प्रकार	**नाइट्रोजन**	**फास्फोरस**	**पोटाश**
I भारी खादें			
1. वर्मी कम्पोस्ट	2.50–3.00	1.50–2.00	1.50–2.00
2. एजो कम्पोस्ट	1.00–1.50	0.25	0.50
3. सुपर कम्पोस्ट	1.40	1.00	1.00
4. साधारण कम्पोस्ट	0.50	0.15	0.50
5. गोबर की खाद	0.50	0.20	0.50
6. मैले की खाद	1.00	0.80	0.40
7. मुर्गी की खाद	3.80	1.50	1.70
8. हरी खादें (औसत)	0.70	0.20	0.80
II प्राणीजात खादें			
1. मछली की खाद	8.50	6.00	1.05
2. पशु का सूखा रक्त	10.00	1.50	1.00
3. अस्थि चूर्ण	4.00	8.25	––
4. नाइट सोइल	5.50	4.00	2.00
5. स्लेज व सिवेज	3.50	1.20	0.06

सीवरेजः शहरी क्षेत्र से सेनीटेशन में मानव विष्ठा को अलग करने के लिए पानी को काम में लेते हैं। इस गंदे पानी को फसलों हेतु सिंचाई में काम में लेते हैं जिसमें पोषक तत्व पर्याप्त होते हैं। परन्तु भारतीय कृषक द्वारा सार्वजनिक रूप से स्वीकार्य नहीं हैं।

❑❑❑

अध्याय 16

शीघ्र तैयार होने वाली जैविक खादें

1. अमृत पानी

अमृत पानी तैयार करने के लिए एक एकड़ के लिए सामग्रीः

- 10 किलोग्राम गाय का ताजा गोबर
- 250 ग्राम नौनी घी
- 500 ग्राम शहद
- 200 लीटर पानी

विधिः सर्वप्रथम 200 लीटर के ड्रम में 10 किलोग्राम गाय का ताजा गोबर डाले उसमे 250 ग्राम नौनी घी एवं 500 ग्राम शहद को डालकर अच्छी तरह मिलायें। इसके पश्चात् ड्रम को पूरा पानी से भर लें तथा एक लकडी की सहायता से घोल तैयार करें। इस घोल को जब फसल 15 से 20 दिन की हो जावे तब कतार के बीच में 3 से 4 बार प्रयोग करें। इसके प्रयोग के समय मृदा में नमी का होना अतिआवश्यक है। अमृत पानी के प्रयोग के पूर्व 15 किलोग्राम बरगद के पेड़ के नीचे की मिट्टी एक एकड़ में समान रूप से बिखेर दें।

2. अमृत संजीवनी

अमृत संजीवनी तैयार करने के लिये प्रति एकड़ आवश्यक सामग्रीः

- 3 किलोग्राम यूरिया
- 3 किलोग्राम सुपरफास्फेट
- 1 किलोग्राम पोटाश
- 2 किलोग्राम मूंगफली की खली
- 60 किलोग्राम गोबर
- 200 लीटर पानी

विधिः इसको तैयार करने के लिए उक्त सामग्री को एक ड्रम में डालकर अच्छी तरह मिला दें और ड्रम के ढक्कन को बंद कर 48 घंटे के लिए छोड़ दें तथा प्रयोग के समय ड्रम को पूरा पानी से भर दें। जब खेत में पर्याप्त नमी हो तब बोने के पूर्व इसे समान रूप से एक एकड़ में छिड़क दें। खड़ी फसल में जब फसल 15–20 दिन की हो जावे तब कतार के बीच मे 3–4 बार 15 दिन के अन्तर पर छिड़कें यथासम्भव फसल के पत्तों को घोल के सम्पर्क से बचायें।

3. मटका खाद

मटका खाद तैयार करने के लिये 15 लीटर ताजा गौमूत्र, 15 किलोग्राम गाय का गोबर एवं 15 लीटर पानी को एक बड़े मटके में भरके उसमे 1/2 किलोग्राम गुड़ मिलायें तथा इसे 4–5 दिन तक सड़ने दें, इसके पश्चात् इसे 200 लीटर पानी मे घोलकर जब फसल 15–20 दिन की हो जावे तब छिड़कें। पुनः 7 दिन के अन्तर पर 3–4 बार कतारों के बीच प्रयोग करें। प्रयोग करते समय खेत में नमी होना आवश्यक है।

4. वर्मीवॉश

वर्मीवाश बनाने में उपयोग होने वाली सामग्रीः

1.	मिट्टी	:	20 व 40 एमएम वाली
2.	प्लास्टिक ड्रम या सीमेन्ट टंकी	:	120–150 लीटर
3.	रेत	:	आवश्यकतानुसार
4.	पानी	:	आवश्यकतानुसार
5.	मटका व स्टेण्ड	:	एक–एक

विधिः वर्मीवाश तैयार करने के लिए 100 लीटर का ड्रम लें जिसके नीचे की ओर एक टोंटी लगा दें। ड्रम के नीचे वाले भाग में लगभग 6 इंच तक 40 मि.मी. गिट्टी या ईंट के टुकड़े, फिर इसके ऊपर 6 इंच तक 20 मि.मी. गिट्टी भर दें। इसके ऊपर 6 इंच तक बजरी अथवा रेत भरें। इसके ऊपर अधपका कचरा या गोबर से ड्रम को भर दें जिसमें 500–700 केंचुए छोड़ दें। ड्रम के मुंह पर स्टैण्ड पर एक मटका या प्लास्टिक टब रखें जिसकी तली में एक छिद्र कर नल लगायें जिससे कि पानी ड्रम में बूंद बूंद कर गिरता रहे। पानी गिरने के बाद अधपका कचरा नम होगा और केंचुए उसे खायेंगें तथा खाद बनायेंगें। वही खाद पानी की बूंदों में घुलकर टोंटी के माध्यम से किसी बर्तन में इकट्ठा करें। टोंटी के द्वारा निकला घोल ही वर्मीवाश कहलाता है जिसे एक भाग वर्मीवाश एवं एक भाग पानी मिलाकर जब फसलें 15–20 दिन की हो जाये तब 15 दिन के अन्तर पर 3–4 बार छिड़काव करें। इससे फसलों की वृद्धि अच्छी तरह होती है। वर्मीवाश में 10 प्रतिशत गौमूत्र मिलाने से और

भी प्रभावकारी हो जाती है। इसके छिड़काव से फसलों को कीट बीमारी के प्रकोप से बचाया जा सकता है।

5. अग्निहोत्र भस्म

अग्निहोत्र मंत्र उच्चारण पर्यावरण की शुद्धि की वैदिक पद्धति है। खेत में, गांव में, घर में तथा शहर में पर्यावरण में स्वच्छता बनाये रखकर सूर्योदय व सूर्यास्त के समय मिट्टी अथवा तांबे के पात्र में गाय के गोबर के कंडे में अग्नि प्रज्वलित कर अखंड अक्षत (बिना टूटे चावल), चावल के 8–10 दानों को गाय के घी मे मिलाकर हाथ के अंगूठे, मध्य व छोटी अंगुली से अग्निहोत्र मंच उच्चारण के साथ स्वाहाः शब्द के साथ आहुति दी जाती है।

खेतों पर अग्निहोत्र मंत्र, पौधों में कीट व्याधि निरोधकता के साथ भूमि में उपलब्ध पोषण जैव कार्बन ऊर्जा का सक्षम उपयोग कर अधिक उत्पादन हेतु प्रेरित करता है।

❑❑❑

अध्याय 17

वर्मीवाशः फसल वृद्धि के लिए जैविक टॉनिक

वर्मीवाश एक तरल जैविक खाद है जो कि ताजा वर्मीकम्पोस्ट व केंचुए के शरीर को धोकर तैयार की जाती है। वर्मीवाश के उपयोग से न केवल उत्तन गुणवत्तायुक्त उपज प्राप्त कर सकते हैं, बल्कि इसे प्राकृतिक जैव कीटनाशक के रूप में भी प्रयोग किया जा सकता है। वर्मीवाश में घुलनशील नाइट्रोजन, फॉस्फोरस और पोटाश मुख्य पोषक तत्व होते हैं। इसके अलावा इसमें हार्मोन, अमीनो एसिड, विटामिन, एन्जाइम और सूक्ष्म जीव भी पाये जाते हैं। इसके प्रयोग से 20–25 प्रतिशत उत्पादन बढ़ सकता है। प्राकृतिक प्रणाली में केंचुए अन्य सूक्ष्मजीवों के साथ मिट्टी के अवशिष्ट जैविक पदार्थों को अपघटित करते हैं तथा पोषक तत्व प्रवाह को बनाए रखने में एक उत्कृष्ट जैविक कारक के रूप मे काम करते हैं। केंचुओं द्वारा सभी सड़–गल सकने वाले पदार्थों को एक समृद्ध खाद में बदलना संभव है, और इस तकनीक को वर्मीकम्पोस्टिंग कहते हैं। केंचुए कच्चे माल का उपयोग करते हैं और पचे रूप में उसे निकालते हैं जिसे वर्मीकास्ट कहते हैं जो कि पोषक तत्वों से भरपूर, विकास को बढ़ावा देने वाला लाभदायक जैविक पदार्थ है। यह सब प्रकार की फसलों के लिये प्राकृतिक सम्पूर्ण एवं सन्तुलित आहार है। केंचुए की खाद सामान्यतया देशी खाद से 6 गुणा भेड़, बकरी की मींगनी की खाद से चार गुणा एवं मुर्गी की बीट इत्यादि से दो गुणा अधिक पोषक तत्व युक्त पायी गई है। इस खाद को किसी भी समय फसलों को दिया जा सकता है। इस खाद के उपयोग से पाला पड़ने की समस्या से बहुत हद तक छुटकारा पाया जा सकता है। वर्मीवाश एक कृमि और खाद उद्योग के उप–उत्पाद/अपरिहार्य भाग है, जिसमें केंचुओं के स्राव का संयोजन है। यह जल निकासी के रूप में वर्मीकम्पोस्ट की इकाइयों से प्राप्त एक जैविक खाद है। ये वर्मीकमपोस्ट का एक रसीला धोवन है, जिसमें केंचुए का स्राव, मुकस व फ्लूड़ मौजूद है और उसका रंग थोड़ा भूरे रंग का होता है। इस भूरे रंग के तरल को एकत्र किया जाता है और पौधों के जड़ क्षेत्र में मिट्टी में ड्रेन्चिंग के रूप में भी प्रयोग किया जाता है।

इकट्ठा करने के लिए कोई विशेष उपकरण की आवश्यकता नहीं है सिवाय एक नल को छोड़कर जो कि एक बरतन के तल पर लगाया जाता है। कृमि के सामान्य प्रबंधन की अवधि के दौरान, पर्याप्त नमी को बनाए रखने के लिए नियमित रूप से पानी छिड़काव किया जाता है और अतिरिक्त पानी को निकाला जाता है जिसमें कुछ आवश्यक पोषक तत्व फुल होते हैं। केंचुए द्वारा उत्पादित वर्मीवाश की गुणवत्ता किस प्रकार का जैविक अपशिष्ट

वर्मीकम्पोस्ट इस्तेमाल किया गया है, उस पर भी निर्भर करती है। केंचुआ के गुहा के पास तरल पद्रार्थ से बना एक ड़बल परिवहन प्रणाली होती है जो तरल पदार्थ से भरे शरीर की गुहा के भीतर चलती है। गुहा द्रव हमेशा केंचुए के शरीर से स्रावित होता है जो शरीर को हमेशा गीला रखता है। केंचुए की गुहा द्रव को एकत्र किया जा सकता है। अगर उसे नियमित रुप से नमी में बरकरार रखा जाए, इस एकत्र किये गये तरल पदार्थ को ही वर्मीवाश कहा जाता है। जो पानी केंचुएं की गुहा से होकर गुजरता है, उससे जीवित और मृत केंचुए, मिट्टी के सूक्ष्मजीवों अथवा विघटित कार्बनिक पदार्थ की धुलाई होती है जिसके परिणामस्वरुप उस तरल पद्रार्थ में सभी घुलनशील पदार्थ होते हैं और वो पोषक तत्वों से युक्त होता है।

बनाने की विधिः वर्मीवाश बनाना बहुत सरल है। केंचुए मिट्टी में बिल बनाते हैं, उसे ड्रीलोस्फेयर कहा जाता है। जो पानी इन बिलों से गुजरता है, वो बिलों के पोषक तत्वों को भी धोकर नीचे ले जाता है। प्राकृतिक प्रणाली में, केंचुएं अन्य सूक्ष्मजीवों के साथ मिट्टी के जैविक अवशिष्ट पदार्थों को घुलाते हैं और इस प्रकार पोषक तत्व प्रवाह को बनाए रखनें में एक उत्कृष्ट जैविक कारक के रूप में कार्य करते हैं। केंचुओं द्वारा सभी सड़–गल सकने वाले पदार्थ को एक समृद्ध खाद में बदलना संभव है। केंचुए कच्चे माल का उपभोग करते हैं और पचे रुप में उसे गोलियों के रूप में निकालते हैं जिसे वर्मीकास्ट कहते हैं, जो कि पोषक तत्व से भरपूर, विकास को बढ़ावा देने वाला लाभकारी पदार्थ है जहाँ से पौधे अपनी जड़ के माध्यम से इन पोषक तत्वों को पोषित करते हैं। इसी सिद्धान्त को वर्मीवाश बनाने में लागू किया जाता है।

- वर्मीवाश इकाई के लिए एक बड़े ड्रम, सीमेन्ट टंकी, बड़ी बाल्टी या मिट्टी के घड़े का चुनाव करें। प्लास्टिक, लोहे या सीमेन्ट के बैरल प्रयोग किये जा सकते हैं जिसका एक सिरा बन्द हो और एक सिरा खुला हो।
- इस ड्रम को एक ऊंचे आधार पर खड़ा रखकर नीचे की तरफ आधार के पास साईड़ में छेद (1 इंच चौड़ा) करें।
- इस छेद में पाइप लगाकर वाशर की मदद से सील कर दें। अन्दर की ओर आधा इंच पाइप रखें तथा बाहर इतना कि नीचे बर्तन आसानी से रखा जा सके।
- बाहर पाइप के छेद में नल फिट करें तथा दूसरे छेद मे नट लगायें जो कि पाइप की समय–समय सफाई के काम आयेगा। यह नल सुविधानुसार बैरल या ड्रम के निचले भाग में भी लगाया जा सकता है।
- नल को खुला छोड़कर ड्रम में 2.4 इन्च मोटे ईंट के टुकड़े या गिट्टी की 10.12 इंच मोटी परत बिछायें। इस पर पानी डालें जो कि नीचे निकल जाए। इसके ऊपर मोटे रेत या गिट्टी की 8.10 इंच परत बिछायें, फिर पानी डालें तथा नल से निकालें।

- इसके ऊपर 1 से 1.5 फुट दोमट मिट्टी की परत बिछायें। इसे गीला करें तथा 50–50 एपिंजेइक केंचुए का प्रयोग करना हो तो मिट्टी की आवश्यकता नहीं है। केवल 2.4 इंच मिट्टी की परत डाल सकते हैं। इसके ऊपर गोबर की परत डाल दें। धीरे–धीरे पानी डालें तथा अतिरिक्त पानी निकल जाने के बाद नल बन्द कर दें। 20–20 मिनट नल को खुला रखते हुए इकाई को नम करें। प्रथम 15 दिन तक पानी को नल से नहीं निकालें तथा इकाई को नम रखें।
- इस दौरान केंचुए वर्मीकम्पोस्ट बनाना शुरू कर देंगें। ड्रम के नल के नीचे वर्मीवाश इकट्ठा करने के लिए एक दूसरा पात्र रखें।

सारणी 1. वर्मीवाश में पाये जाने वाले पोषक तत्वः

पी.एच. मान	7.48 ± 0.83
जैविक कार्बन (%)	0.008 ± 0.001
नाइट्रोजन (%)	0.01 ± 0.005
उपलब्ध फास्फोरस (%)	1.69 ± 0.05
पोटैशियम (पी.पी.एम.)	25 ± 2
सूक्ष्म पोषक तत्व (पी.पी.एम.)	
सोड़ियम (Na)	8 ± 1
कैल्शियम (Ca)	3 ± 1
कॉपर (Cu)	0.01 ± 0.001
लोहा (Fe)	0.06 ± 0.001
मैग्नीशियम (Mg)	158.44 ± 23.42
मैंगनीज (Mn)	0.58 ± 0.040
जिन्क (Zn)	0.06 ± 0.001
सूक्ष्मजीवों की संख्या (CFU/ml)	
कुल हेटरोट्रोफ्स	1.79×10^3
नाइट्रोसोमोनास स्पी.	1.01×10^3
नाइट्रोबैक्टर स्पी.	1.12×10^3
कुल कवक.	1.46×10^3

उपयोग

- किसी भी पौधों पर छिड़काव करने से पहले इसे 10 प्रतिशत पानी के साथ पतला करें, तत्पश्चात् छिड़काव करें। मिट्टी जनित रोगों से रोकने के लिए इससे मिट्टी में ड्रेन्चिंग करें।

- रोपाई से पहले, वर्मीवाश घोल को पानी (5 भाग) के साथ पतला करें और बीज पौध को लगभग आधे घंटे के लिए इसमें डुबोएं।
- कलमों (जड़/तना) को वर्मीवाश घोल में डुबोकर काम में लेवें।
- गौमूत्र के साथ मिलाकर और पानी से पतला करके इसे एक कीटनाशक के रूप में पर्णीय छिड़काव (1 लीटर वर्मीवाश + 1 लीटर गौमूत्र + 8 लीटर पानी) की तरह इस्तेमाल कर सकते हैं।
- वर्मीवाश सड़ाने की प्रक्रिया को तेज करने के लिए इसे खाद के गड्ढों में भी डाला जा सकता है।

लाभ

- वर्मीवाश एक पादप टॉनिक के रूप में काम करता है जो विभिन्न पादप बीमारियों को रोकता है और फसल उत्पादकता को बढ़ाता है।
- इसमें कीटों से मुठभेड़ करने की क्षमता भी है जिससे फसलों को बचाता है।
- वर्मीवाश, जिसे एक तरल उर्वरक के रूप में राईजोस्फेयर में डाला जाता है। तो एक टॉनिक के रूप में कार्य करता है और इस प्रकार कई रोगजनक कवक को कम करने में मदद करता है।
- वर्मीवाश एक ऐसा उत्पाद है जो पौधों के लिए मिट्टी में पोषक तत्वों को बढ़ाकर उनकी सूक्ष्म पोषक तत्व वृद्धि में मदद करता है। यह एक प्राकृतिक कीटनाशक के रूप में पौधों को बचाता है, और आर्थिक पहलू को देखा जाए तो भी इसकी कीमत कम है। ये किसानों के लिए हर तरह से लाभकारी है।
- वर्मीवाश मृदा में सूक्ष्मजीवों की संख्या बढ़ाकर कम्पोस्ट के गलाने में सहायता करता है।

सावधानियां

- पानी को नियमित रूप से और धीरे–धीरे से गड्ढों में डालें।
- विघटित हुई कार्बनिक सामग्री का मिश्रण न करें।
- किसी भी हरी सामग्री को ना डालें।
- गड्ढे में संघनन होने से बचाएं।

वर्मीवाश

वर्मीवाश इकाई

अध्याय 18

जैविक कीट एवं व्याधि नियंत्रण

जैविक नियंत्रणः जीवों द्वारा जीवों का नियंत्रण ही जैविक नियंत्रण कहलाता है, जिसके अन्तर्गत विभिन्न जैविक कारकों का प्रयोग कर हानिकारक कीटों की रोकथाम की जाती है। जैसे–

1. परजीवी का प्रयोग कर
2. पैरासिटबाइउस का प्रयोग कर
3. परभक्षी का प्रयोग कर
4. रोगाणुओं का प्रयोग कर
5. प्राकृतिक शत्रुओं का संवर्द्धन कर

प्रचलित जैविक कारकों (बायोएजेन्ट्स) के बारे में सामान्य जानकारीः आजकल बाजार में निम्न जैविक कारक (बायोएजेन्ट्स) अत्यधिक प्रचलित हैंः

1. ट्राइकोग्रामा परजीवी
2. क्राइसोपेरला परभक्षी
3. एन.पी.वी.
4. ट्राइकोडर्मा

1. **ट्राइकोग्रामा परजीवीः** ट्राइकोग्रामा परजीवी हाइमेगोप्टेरा गण का एक छोटा सा कीट है जो लेपिडोप्टेरा गण के कीटों के अण्डों में अपने अण्डे देकर अपना जीवन चक्र पूरा करता है। आकार में यह इतना छोटा होता है कि एक आलपिन के सिरे पर 8–10 वयस्क ट्राइकोग्रामा एक साथ बैठ सकते हैं। इस कीट का जीवन चक्र अण्डे की अवस्था में बाहर निकलकर पुनः अपना जीवन चक्र प्रारम्भ करने हेतु अण्डों की तलाश शुरू कर देता है, इसलिए इसे अण्ड परजीवी कहते हैं। गर्मी की ऋतु में इसका जीवन चक्र 8–10 दिन में और सर्दी की ऋतु में 9–12 दिन में पूर्ण होता है।

खेत में ट्राइकोकार्ड्स इसकी वयस्क निकलने की तिथि से एक दिन पूर्व ही लगाने चाहिये, वरना परभक्षियों द्वारा इनका भक्षण करने की सम्भावना रहती है। लगाने से पूर्व ट्राइकोकार्ड्स की स्ट्रिप को अलग कर देना चाहिये एवं पूरे खेत में करीब 100 स्थान प्रति हैक्टेयर के हिसाब से नीचे की पत्तियों के साथ यू–क्लिप या धागे से बांध देना चाहिये या पत्ती गुच्छ में इस तरह रख देना चाहिये कि इस पर सूर्य के प्रकाश की सीधी रोशनी नहीं पड़े। इस कीट की उड़ने की क्षमता बहुत ही सीमित है एवं यह 5–7 मीटर तक ही उड़ सकता है, अतः खेत में ट्राइकोकार्डस की स्ट्रिप लगाते समय पहली स्ट्रिप सीमा (बोर्डर) से 5 मीटर की दूरी पर एवं अगली स्ट्रिप हर दस मीटर की दूरी पर लगवा देनी चाहिए ताकि वयस्क ट्राइकोग्रामा को चारों तरफ से हर दिशा में 5 मीटर का क्षेत्र उपलब्ध हो जाये और खेत में समान रूप से इसका प्रसारण हो सके । कुछ मुख्य फसलों में इसकी सिफारिश मात्रा निम्नानुसार हैः

क्रं.	फसल	कीट	परजीवी की मात्रा
1.	गन्ना	तना छेदक शीर्ष छेदक एवं स्टाक छेदक	ट्राइकोग्रामा किलोनीत 50000 अण्डे / है. रिलीज रोपाई के 45 दिन बाद 6 बार 10 दिन के अन्तराल पर ।
2.	कपास	सुण्डी	ट्राइकोग्रामा किलोननीत 150000 अण्डे / है. रिलीज बुवाई के 45 दिन बाद 6 बार एक सप्ताह के अंतराल से।
3.	मक्का	तना छेदक	ट्राइकोग्रामा किलोननीत 75000 अण्डे / है. रिलीज बुवाई के 45 दिन बाद 6 बार 10 दिन के अंतराल से।
4.	टमाटर	फल छेदक	ट्राइकोग्रामा बेजिलियन्सीज 50000 अण्डे / है. रिलीज रोपाई के 45 दिन बाद 6 बार 10 दिन के अंतराल से।
5.	धान	तना छेदक	ट्राइकोग्रामा जायोनिकस 50000 अण्डे / है. रिलीज रोपाई के 30 दिन बाद या रोपाई के बाद 6 बार एक सप्ताह के अंतराल से ।

सावधानियाँ

- जिस क्षेत्र एवं फसल में ट्राइकोकार्ड्स का उपयोग करें। उस खेत में 15 दिन पूर्व एवं 15 दिन बाद तक किसी प्रकार के कीटनाशी रसायन का प्रयोग नहीं करें।
- क्षेत्र में ट्राइकोकार्ड्स लगाते समय ध्यान रखें कि प्रकाश की सीधी किरणें कार्ड पर नहीं पड़ें।

- अच्छे एवं सफल परिणाम हेतु खेत में ट्राइकोकार्ड्स वयस्क निकलने की तिथि से एक दिन पूर्व लगावें।

2. **क्राइसोपेरला परभक्षीः** क्राइसोपेरेला कार्निया न्यूरोप्टेरा गण का कीट है जो एफिड (चेपा), जैसिड (तेला) सफेद मक्खी, मिलीबग एवं लेपीडोप्टेरागण के अनेक कीटों के छोटे लार्वा एवं अण्डों को अपना शिकार बनाता है। इसका वयस्क कीट अत्यंत सुन्दर एवं हरे रंग का होता है। इसके पंख बड़े एवं पारदर्शी होते हैं जिनमें चिन्यास स्पष्ट दिखाई देता है। प्रयोगशाला में इस कीट का पालन चावल में लगने वाले कीट कोरसायरा सिफलोनिका के अण्डों पर किया जाता है।

इस कीट का अण्डा स्तम्भिक होता है। अण्डे का आकार 0.7 से 2.3 मिमी. होता है एवं इसके स्टाक की लम्बाई 2 से 25 मिमी. होती है। अण्डे प्रायः पृथक या समूह में दिये जाते हैं जो पहले हल्के पीले एवं लार्वा निकालने से पूर्व काले हो जाते हैं। इस अवस्था में यह प्रायः 3—4 दिन रहते हैं। इसके लार्वों की तीन अवस्थाएं होती हैं जो 8—10 दिन में पूरी हो जाती हैं। लार्वा एक कोकून बनाता है जिसमें से 5—7 दिन में वयस्क निकलता है। इसका वयस्क बार—बार संभोग करता है और वयस्क निकलने के पांच दिन बाद पुनः अण्डे देने शुरू कर देता है। एक मादा 600—800 अंडे देती है। इसका नर 30—35 दिन और मादा 35—55 दिन तक जिन्दा रहती है।

मात्रा एवं खेत में छोड़ने की विधिः सामान्यता क्राइसोपेरला कार्निया को खेत में दो बार 15 दिन के अन्तराल से लार्वा की प्रथम अवस्था में 50000 से 100000 लार्वा प्रति है. या 10—12 प्रति फलदार पौधे की दर से छोड़े जाते हैं। विभिन्न फसलों में इसकी मात्रा निम्न अनुसार हैः

क्र.सं.	फसल	परपोषी	क्राइसोपेरला कार्निया मात्रा
1.	कपास	अमेरिकन सुण्डी, चितकबरी सुण्डी, गुलाबी सुण्डी सफेद मक्खी, एफिड आदि	50000 / है. दो बार 15 दिन के अन्तराल से
2.	तम्बाकू	सफेद मक्खी, तंबाकू की लट, मौमला आदि।	——"——
3.	सूरजमुखी	हैंड बोरर एवं एफिड	——"——
4.	मूंगफली	एफिड, हरातैला	10—20 लार्वा / ग्रसित
5.	फलदार पौधे	मिलिबग, सफेद मक्खी	पौधों पर

विधिः इसको लकड़ी के बुरादे के साथ मिलाकर खेत में छोड़ना चाहिये या 1—2 लार्वा कागज की पट्टी पर लेकर प्रति पेड़ छोडना चाहिए।

सावधानियाँ

- क्राइसोपा के अण्डे भेजते समय कोरसायरा के अण्डे मिलाकर भेजना चाहिये, जिससे रास्ते में ही लार्वा निकलने पर इन्हे तुरन्त भोजन के रूप में कोरसायरा के अण्डे उपलब्ध हो सकें।
- खेत में क्राइसोपा सुबह जल्दी छोड़ना चाहिये।
- क्राइसोपा के लार्वा सिफारिश की मात्रानुसार क्षेत्र में छोड़ने चाहिये, लेकिन फलदार पेड़ों में केवल ग्रसित पौधों पर ही छोड़ें।
- परभक्षी छोड़ने से पूर्व एवं बाद में 15 दिन तक किसी कीटनाशक रसायन का प्रयोग नहीं करें, यदि अत्यंत आवश्यक ही हो तो सुरक्षित, चयनित कीटनाशी का ही प्रयोग करें।
- क्राइसोपा को खेत में अण्डे की अवस्था में नहीं छोड़ने चाहिये, वर्ना ये अन्य परजीवी, परभंक्षी का शिकार हो सकते हैं।

3. एन.पी.वी. (न्यूक्लियर पोलीहैड्रोसिस वायरस)

न्यूक्लियर पोलीहैड्रोसिस वायरस एक प्रकार का विषाणु है जो कि जाति विशेष के हानिकारक कीटों का सफलतापूर्वक नियंत्रण करता है। ये पूर्णतया सुरक्षित जैविक कारक हैं जिसका वातावरण पर कोई दुष्प्रभाव नहीं होता है एवं अन्य परजीवी, परभक्षी, पक्षी एवं मानव जाति पर कोई विपरीत असर नहीं पड़ता। यह विषाणु मुख्यतया प्रोटीन के बने होते हैं जिनमें डी.एन.ए. की बनी संरचना होती है। जब हानिकारक कीट की लट इस विषाणु को खाती है तो यह इसकीआहार नाल में चला जाता है जहां उदर के मध्य भाग में क्षारीय माध्यम से इसका प्रोटीन का आवरण नष्ट हो जाता है एवं वाईरोंस की संरचनाएं मुक्त हो जाती हैं, जो कि विभिन्न अंगों की कोशिकाओं में पहुंचकर बहुत तेजी से गुणन करती हैं। शुरू में गिडार खाना कम कर देती है एवं 4–8 दिन में मर जाती है। मरी हुई गिडार प्रायः उल्टी लटकी हुई पाई जाती है। इन गिडारों का रंग प्रायः हल्का पीला होता है एवं फूली हुई होती है जिन्हें जरा सा हिलाने पर द्रव बाहर निकलता है।

प्रयोग व मात्रा

फसल	हानिकारक कीट	एन.पी.वी. की मात्रा
चना	हैलियोथिस अर्मिजेरा	250 एल.ई./है. $1.5x10^{12}$
टमाटर	—"—	पी.ओ.बी./है. दो बार
कपास	हैलिकोवरपा	450 एल.ई./है. $2.4x10^{12}$ पीओबी/है. (दो बार)
कपास	स्पाडोप्टेरा लिटूरा	450 एल.ई./है. $2.4x10^{12}$ पीओबी/है. (दो बार)

सावधानियाँ

- एन.पी.वी. घोल का छिड़काव सायंकाल के समय करना चाहिए, क्योंकि दिन में सूर्य के प्रकाश में पराबेंगनी विकरणों के द्वारा इसका तेजी से विखण्डन होता है एवं प्रमाणिकता नष्ट हो जाती है।
- एन.पी.वी. के छिड़काव के अच्छे परिणाम हेतु जब कीट प्रारम्भिक अवस्था में हों तब ही छिड़काव ज्यादा प्रभावकारी होता है।
- यह विषाणु जब ही प्रभावकारी होता है, जबकि लट द्वारा इसे खा लिया जावे। अतः छिड़काव फसल की पूर्ण सतह पर होना चाहिये।
- घोल बनाते समय खारे पानी का प्रयोग नहीं करना चाहिये, क्योंकि खारे पानी में मौजूद कार्बोनेट्स, बाईकार्बोनेट्स इसको अप्रभावी कर देते है।
- फसल की सतह पर छिड़काव के बाद द्रव के रूकने हेतु टीपोल 0.1 प्रतिशत या साबुन के घोल का प्रयोग करें।
- इसका भण्डारण गहरे भूरे रंग की बोतल में ठंडे एवं अंधेरे स्थान पर करें।
- जहां तक सम्भव हो, ताजा एन.पी.वी. का प्रयोग करें।

4. **ट्राइकोडर्माः** भूमि के अन्तर्गत कई प्रकार की विकल्पी परजीवी फफूंदें, जैसे फ्यूजेरियम, वर्टीसीलियम, राइजोक्टोनिया, स्क्लेरोशिम, मैक्रोफोमिना, आल्टरनेरिया, हेलमिन्थोस्पोरियम, पाइरोथी सियम, पिरीक्यूलेरिया, पीथीयम, फाइटोक्योरा, रेम्यूलिरिआ आदि जो मुख्यतया भूमि में मृतोपजीवी फफूंदे के रूप में रहती हैं लेकिन उपयुक्त वातावरण मिलने पर धान, कपास, दलहनों, तिलहनों, सब्जी, फलों की फसलों में जड़ व कोलर सड़न, तना, गलन व सड़न, उकटा रोग, झुलसा, आद्रपतन, फल पिगलन जैसे रोगों को भी जन्म देती है तथा इन रोगों के प्रति रोगरोधो किस्मों तथा रासायनिक विधियों द्वारा रोग नियंत्रण करना बहुत ही कठिन कार्य होता है। भूमि में कुछ मित्र फफूंदें व बैक्टीरिया व अन्य सूक्ष्म जीव भी पाये जाते हैं जिनमें ये क्षमता होती है कि वो उपापंचयी क्रियाओं के दौरान ऐसे पदार्ध स्त्रवित करते हैं जो परपोषी पौधों में कार्य की प्रतिरोध उत्पन्न करते हैं तथा हानिकारक फफूंदों की वृद्धि व रोग उत्पादन क्षमता पर विपरीत प्रभाव डालते हैं। ट्राइकोडरमा फफूंदें उनमें से एक हैं तथा इसका कल्चर तैयार कर उपरोक्त रोगों की रोकथाम प्रभावकारी तरीके से की जा सकती है।

   ट्राइकोडर्मा संवर्धनः ट्राइकोडर्मा की दो किस्मे ट्राइकोडर्मा विरडी एवं ट्राइकोडर्मा हार्जिनियम को यीस्ट, मोलानिसस संवर्धन माध्यम में उगाकर टेल्कम पाउडर के साथ 1:2 में मिलाकर वेटेबल पाउडर के रूप में कल्चर तैयार कर कम घनत्व वाली पोलीथीन थैलियों में भरकर पैकिट के रूप में उपलब्ध कराया जाता है।

   पैकिंगः 100 ग्राम, 250 ग्राम, 500 ग्राम एवं 1 किलोग्राम में उपलब्ध है।

भण्डारणः इसका ठण्डे व हवादार स्थान पर 40° सेल्सियस तापक्रम से नीचे भण्डारण करने पर 4 माह तक प्रभावकारी रहता है।

उपयोग विधिः इसको विभिन्न फसलों में बीज उपचार, पौध उपचार, पौधशाला उपचार व भूमि उपचार के रूप में उपयोग में लिया जा सकता है जो निम्न प्रकार हैः

उपचार	फसल	मात्रा एवं तरीका
बीज उपचार	धान, कपास दलहन, तिलहन सब्जियां, गन्ना आदि	4–6 ग्राम प्रति किलो बीज की दर से ट्राइकोडर्मा कल्चर लें व 4–5 मिली. पानी में लेप बनाकर बुवाई से पूर्व बीजोपचार करें।

पौध उपचारः धान व सब्जियों को कल्चर का 10 प्रतिशत घोल तैयार कर पौधो की जड़ों को 15 मिनट तक घोल में डुबोकर बोने के काम मे लेवें।

पौधशाला उपचार — धान व सब्जियां 1.250 किलोग्राम ट्राइकोडर्मा कल्चर को 50 ली.पानी में मिलाकर 400 वर्ग मी. क्यारी में फव्वारे से सिंचाई करें। या 2.250 किलो ग्राम ट्राइकोडर्मा को प्राकृतिक खाद में मिलाकर 400 वर्ग मी. क्यारी में बुरक कर मिलावें।

मिट्टी उपचार — सभी फसलों में 2.5 किलो ट्राइकोडर्मा कल्चर को 50–60 कि.ग्रा. प्राकृतिक खाद में मिलाकर प्रति हैक्टेयर के हिसाब से बुरक कर अच्छी तरह खेत में मिलावें।

ट्राइकोडर्मा के लाभ

- जहां पर रोग क्षमता तथा रासायनिक नियंत्रण अप्रभावी हो जावें, ऐसे में ट्राइकोडर्मा द्वारा जैविक उपचार करना सम्भव होता है।
- इसके द्वारा भूमिगत हानिकारक फफूंदें जनित रोगों, जैसे जड़ व तना गलन, सड़न, उकटा, झुलसा, बिल्ट, आर्द्रपतन, फल, गलन आदि को दीर्घ अवधि तक असरदार तरीके से नियंत्रण करना सम्भव है।
- ये एक वातावरण में प्रदूषण रहित तथा पशुओं एवं मनुष्यों के लिए सुरक्षित जैविक फफूंदनाशी हैं।
- ये एक कम खर्चीला व लाभकारी नियंत्रण तरीका है।
- इसकी प्राकृतिक खादों व जैविक खादों के साथ मिलाकर उपचार किया जा सकता है।

सावधानियाँ

- ❑ ट्राइकोडर्मा के उपयोग से पहले अथवा बाद में कोई रासायनिक फफूंदीनाशक का प्रयोग न करें।
- ❑ ट्राइकोडर्मा के उपचार से पहले या बाद में रसायनों का उपयोग न करें।
- ❑ मिट्टी उपचार में ट्राइकोडर्मा का उपयोग दोपहर बाद करें तथा तुरन्त मिट्टी में मिला दें। तेज धूप से बचावें।

5. **गौमूत्रः** गौमूत्र कांच की शीशी में भरकर धूप में रख सकते हैं। जितना पुराना गौमूत्र होगा उतना अधिक प्रभावकारी होगा। 150–200 मिली. गौमूत्र, 15 लीटर पानी में मिलाकर स्प्रेयर पम्प से फसलों में बुआई के 15 दिन बाद, प्रत्येक 10 दिवस में छिड़काव करने से फसलों में रोग एवं कीड़ों में प्रतिरोधी क्षमता विकसित होती है जिससे कीट व्याधि प्रकोप की सम्भावना कम रहती है।

6. **नीम फार्मूलेशन**

   अ) **नीम पत्ती का घोलः** 10–12 किलो नीम की पत्तियों को 200 लीटर पानी में 4 दिन तक भिगोयें। पानी हरा पीला होने पर इसे छानकर एक एकड़ की फसल पर कीटों के नियंत्रण हेतु छिड़काव करें अथवा 5 किलो नीम की बारीक काटी हुई पत्तियां या 5 किलो गिरी चूर्ण दोनों को 10 लीटर पानी में मिलाते हैं। इसके बाद इसे छान लेते हैं। इस प्रकार बनाये 100 ली. घोल में 200 ग्राम कपड़े धोने वाले साबुन को 200 मिली. पानी में घोलकर मिला देते हैं। इस तैयार घोल को एक एकड़ की फसल पर कीट नियंत्रण हेतु छिड़काव करें।

   ब) **नीम तेलः** नीम का तेल बाजार में सस्ता मिलता है। इसको 30 मिली. (3 प्रतिशत) या 50 मिली (5 प्रतिशत) एक ली. पानी में डालते हैं। इसके बाद इसमें एक मिली. टीपोल मिलाकर उपयोग में लाते हैं। नीम बीज गिरी रस 2.5–5.0 लीटर हैक्टेयर धान के भूरा पृष्ठ फुदका के नियंत्रण हेतु प्रयोग करते हैं। धान में गंधीबग की रोकथाम हेतु नीम तेल 3 प्रतिशत उपयुक्त पाया गया है।

   स) **नीम की निंबोलीः** नीम निंबोली 2 किलो को, 10 लीटर पानी में डालकर 4–6 दिन रखें। जब निंबोली जम जाये तो बीच–बीच में लकड़ी से हिलायें और घोल को छानकर 200 लीटर पानी में मिलाकर फसलों में छिड़काव करें। अथवा 50 ग्राम चूर्ण एक लीटर पानी में (5 प्रतिशत सान्द्रता) घोलकर 12 घंटे तक रखें तथा लकड़ी से हिलाकर घोल को महीन कपडे से छान लेते हैं। एक लीटर मात्रा में एक मिली. टाईट्रान एक्स 100 मिलाते हैं। इसके बाद इसे कीड़ों को मारने के लिए छिड़क कर उपयोग में लाते हैं।

द) **नीम की खलीः** खेत में दीमक तथा व्हाइट ग्रब एवं अन्य कीटों की इल्लियां तथा प्यूपा को नष्ट करने तथा भूमि जनित रोग विल्ट आदि के रोकथाम के लिये इसका प्रयोग किया जा सकता है। 6–8 क्विंटल प्रति एकड़ की दर से अन्तिम जुताई करते समय कूटकर बारीक खेत मे मिलावें।

7. **मट्ठाः** मिर्ची, टमाटर आदि जिन फसलों में चुर्रामुर्रा या कुकड़ा रोग (वायरस जनित रोग) आता है। उसके रोकथाम हेतु एक मटके में छाछ डालकर उसका मुंह पोलीथिन से बांध दें एवं 30–45 दिन तक उसे मिट्टी में गड्ढा बनाकर रख दें। इसके पश्चात् छिड़काव करें। इससे कीट व्याधि का नियंत्रण होता है।

8. **मिर्च / लहसुनः** आधा किलो हरी मिर्च, आधा किलो लहसुन पीसकर चटनी बनाकर पानी में घोल बनायें। इसे छानकर 100 लीटर पानी में घोलकर फसल पर छिड़काव करें। 100 ग्राम साबुन पाउडर भी मिलावें जिससे पौधों पर घोल चिपक सकें। इसके छिड़काव से कीटों का नियंत्रण हो जाता है।

9. **लकड़ी की राखः** 1 किलो राख में 10 मिली. मिट्टी का तेल डालकर राख का छिड़काव 25 किलो प्रति प्रति हैक्टेयर की दर से करने पर एफिड्स एवं पंपकिन बीटल का नियंत्रण हो जाता है।

10. **अन्य नुस्खेः** इल्ली नियंत्रण के तरीके

- 5 लीटर देशी गाय के मट्ठा में 5 किलो नीम के पत्ते डालकर 10 दिन तक सड़ायें, बाद में नीम की पत्तियों को निचोड़ लें। इस नीम युक्त मिश्रण को छानकर 150 लीटर पानी में घोल बनाकर समान रूप से एक एकड़ में छिड़काव करें। इससे इल्ली व माहू का प्रभावी नियंत्रण होता है।
- 5 लीटर मट्ठे में 1 किलो नीम के पत्ते व धतूरे के पत्ते डालकर 10 दिन सड़ने दें। इसके बाद मिश्रण को छानकर इल्लियों का नियंत्रण करें।
- 5 किलो नीम के पत्ते 3 लीटर पानी में डालकर उबाल लें। जब आधा रह जावे तब उसे छानकर 150 लीटर पानी में घोल तैयार करें। इस मिश्रण मे 2 लीटर गौमूत्र मिलावें। अब इस मिश्रण को एक एकड़ फसल पर समान रूप से छिड़कें।
- 1/2 किलो हरी मिर्च व लहसुन पीसकर 150 लीटर पानी में डालकर छान लें तथा एक एकड़ के लिये इस घोल का छिड़काव करें।
- मारूदाना तुलसी (श्यामा) तथा गेंदे के पौधे फसल के बीच में लगाने से इल्ली का नियंत्रण होता है।

उकठा नियंत्रण

1. 1 लीटर मट्ठे में चने के आकार के 3 हींग के टुकड़े मिलाकर उससे चने का बीजोपचार करें। तत्पश्चात् बुआई करें। सोयाबीन, उड़द, मूंग एवं मसूर के बीजों को अधिक गीला न करें।
2. 400 मिली. नीम के तेल मे 100 ग्राम कपड़े धोने वाला पाउडर डालकर खूब फेंटें, फिर इस मिश्रण को 150 लीटर पानी मे डालकर घोल बनावें। यह एक एकड़ के लिये पर्याप्त है।

चूहा नियंत्रण: 5 किलो बेशरम (आइपोमोइया कार्निया) के पत्ते ले तथा धतूरे के 3 फल फोड़कर 5 लीटर पानी में मिलावें तथा उसे उबालें। जब पानी 2 लीटर के करीब रह जाये तब मिश्रण को छान लें। बचे हुए पत्ते जमीन में गाड़ दें, क्योंकि ये अत्यन्त जहरीले होते हैं। अब इस घोल में 1 किलो चने डालकर उबालें तथा ठंडा होने के बाद चने चूहे के बिल के आस–पास डाल दें।

अनाज भण्डारण

1. आधा किलो प्याज एक बोरी अनाज में रखने से घुन नहीं लगती।
2. दो लहसुन की पौथी 5 किलो चावल की दर से रखने पर धुन, चींटी और तिलचट्टे से बचाव होता है।
3. जंगली तुलसी (पांचोली) तथा गुलसितारा की पत्तियां अनाज में मिलाकर रखने से घुन नहीं लगती है।
4. जली राख व नीम की सूखी पत्ती का चूर्ण मिलाकर रखने से भी घुन नियंत्रित होता है।

लहसुन में कीट नियंत्रण: नीम की पत्ती 3 किलोग्राम, तम्बाकू 250 ग्राम तथा बेशरम की पत्ती 500 ग्राम पानी में मिलाकर कुछ दिन रखें। अच्छी तरह सड़ने और छानने के बाद 200 ग्राम घोल को 15 लीटर पानी में मिलाकर फसल पर छिड़काव करें।

सोयाबीन इल्ली नियंत्रण

1. गर्डल बीटल के नियंत्रण हेतु ढ़ैचा की फसल को ट्रेप फसल के रूप में उगाएं।
2. स्किप रो बीजाई (प्रत्येक दस पंक्तियों के बाद एक पंक्ति खाली छोड़ दें जिससे सिंचाई, दवा का छिड़काव व कीट सर्वेक्षण में सुविधा रहे) करें।
3. कीट सर्वेक्षण हेतु प्रकाश पाश का उपयोग (एक/दस हैक्टेयर) करें।

4. फेरोमोन ट्रेप का प्रयोग (एक/है. निगरानी के लिए एवं 5 प्रतिशत नियंत्रण हेतु) करें।
5. चिड़ियाओं के बैठने हेतु टी आकार कमी खपचियां लगावें।
6. टिलोनोमस रेमस अण्ड परजीवी को रिलीज करें।
7. नीम बीज घोल एवं एन.पी.वी. (एस.) का छिड़काव करें।
8. बी.टी. जैव कीटनाशक का उपयोग करें।
9. उचित फसल चक्र अपनायें, जैसे ज्वार, धान, अरहर, मक्का, मूंग, उड़द आदि का समावेश करें ।

चुरड़ा—मुरड़ा का नियंत्रण (लीफकुंल): 5 लीटर छांछ को तांबे या अन्य बर्तन में या प्लास्टिक जार में भरकर भूसे के अंदर 8—10 दिनों तक गाड़कर रखें। बाद में 100 लीटर पानी में घोल बनाकर फसल पर छिड़काव करें। टमाटर तथा मिर्च पर चुरड़ा—मुरड़ा का नियंत्रण होता है।

मच्छर की दवा

1. गन्दे पानी की नाली पर गेंदे के पौधे लगाने से मच्छर नहीं पनपते।
2. गेंदा तथा नीम के पत्तों को नालियों और डाबरों में डालने से मच्छर नष्ट होते हैं।
3. वन तुलसी या जंगली तुलसी (पंचोली), नीलगिरी, नीम, बेशरम तथा गेंदे की पत्तियों को समभाग लेकर पीस लें तथा बिस्कुट के बराबर टिकिया बनाकर छाया में सुखा लें, मच्छर वाले स्थान पर टिकियों का धुआं कर दें।
4. इंजन का जला हुआ ऑयल को नालियों एवं डाबरों में डालने से मच्छर जगह छोड़कर दूर चले जाते हैं।

कांस का नियंत्रणः पलास केसू एक वृक्ष है जिसके पत्तों को कांस पर बिछ़ाने से कांस नष्ट हो जाती है।

❑❑❑

अध्याय 19

पंचगव्य जैविक खेती में तरल खाद के रूप में प्रयोग

पंचगव्य एक जैविक उत्पाद है जो गाय के पांच उत्पादो यथा गोबर, गौ मूत्र, दूध, दही तथा घी को विभिन्न अनुपात में मिलाकर बनाया जाता है। इसको सामान्यतः 10:10:3:2:1, 1:1:1:1:1 तथा मुख्य रूप से 5:3:2:2:1 में मिलाकर बनाया जाता है। इसका उपयोग करने पर फसल वृद्धि, कीट एवं रोगों पर प्रभावकारी असर होता है। पंचगव्य की क्षमता बढ़ाने के लिए गन्ने का रस, नारियल का पानी, पका केला और अंगूर के जूस को उपलब्धता के अनुसार मिलाया जा सकता है, जिसे सवंर्धित पंचगव्य कहते हैं जो कि पादप तंत्र की प्रतिरोधक क्षमता तथा पौधों की वृद्धि बढ़ाने में महत्वपूर्ण भूमिका अदा करता है।

पंचगव्य का महत्वः पंचगव्य द्वारा शरीर के रोग निरोधक क्षमता को बढ़ाकर रोगों को दूर किया जाता है। गौमूत्र में प्रति ऑक्सीकरण की क्षमता के कारण डीएनए को नष्ट होने से बचाया जा सकता है। गाय के गोबर से चर्मरोगों में उपचारीय महत्व सर्वविदित है। पंचगव्य के प्रयोग से फसल की एक अच्छी उपज मिलती है यह रासायनिक खेती को जैविक खेती में परिवर्तित करने में बहुत प्रभावकारी है तथा वातावरण की प्रतिकूल परिस्थितियों (कम या उच्च नमी) में भी एक समान फसल की पैदावार देने में सहायता करता है। यह न केवल फसल की उपज को बढ़ाता है, बल्कि अनाज, फल, फूल व सब्जियों का उत्पादन एक बेहतर रंग, स्वाद, पौष्टिकता तथा विषाक्त अवशेषों के बिना करता है जिससे फसल की बाजार में अधिक कीमत मिलती है। यह बहुत सस्ता एवं अधिक प्रभावकारी है जिससे कृषि में कम लागत पर अधिक लाभ मिलता है।

इसके प्रयोग से पत्तियों एवं तने पर एक पतली तैलीय परत का गठन हो जाता है जिससे पानी का वाष्पीकरण कम होता है तथा जड़ें मृदा में गहरी परतों में फैलकर वृद्धि करती हैं और आवश्यक पोषक तत्वों एवं पानी को अधिकतम मात्रा में अवशोषित कर लेती हैं जिससे पौधे शुष्क वातावरण अवधि को सहने में सक्षम हो जाते हैं तथा पौधे के लिए 30 प्रतिशत तक सिंचाई के पानी की आवश्यकता कम हो जाती है।

पंचगव्य बनाने की विधिः

सामग्रीः ताजा गोबर, गौमूत्र, दूध, दही, गुड़, कोमल नारियल का पानी, पके हुए केले, बेकर्स यीस्ट तथा मिट्टी का घड़ा आदि।

सबसे पहले गाय के गोबर और घी को क्रमशः 5:1 अनुपात में मिट्टी के घड़े में सुबह या शाम को अच्छी तरह मिलाया जाता है, फिर घड़े के मुंह को सूती कपड़े से बांधकर 3 दिन के लिए छायादार स्थान पर सड़ने के लिए रख देते हैं। चौथे दिन इसमें 3:2:2 के अनुपात में क्रमशः गौमूत्र, दही, दूध तथा साथ में दो कोमल नारियल का पानी, एक किलो गुड़, दो पके केले तथा 100 ग्राम बेकर्स यीस्ट ड़ाल कर घड़े में अच्छी तरह मिलाते हैं और इसको 15 दिन तक दिन में दो बार अच्छी तरह हिलाते रहते हैं जिससे कि उसमें हवा का संचार अच्छी तरह हो। 18 दिन में पंचगव्य तरल खाद बनकर तैयार हो जाती है जिसको 6 महीने तक बिना गुणवत्ता परिवर्तन के रखा तथा उपयोग में लिया जा सकता है।

पंचगव्य के भौतिक एवं रासायनिक गुणः पंचगव्य में बहुत प्रकार के एंजाइम तथा पौधों की वृद्धि को बढ़ाने वाले हार्मोन पाये जाते हैं जो फसल की उपज अधिक बढ़ाने में सहायता प्रदान करते हैंः

सारणी 1. पंचगव्य के भौतिक एवं रासायनिक गुण

रासायनिक संगठन		
पी.एच. मान	:	5.5
विद्युत चालकता	:	10.22
कुल नाइट्रोजन पी.पी.एम.	:	229
कुल फॉस्फोरस पी.पी.एम.	:	209
कुल पोटैशियम पी.पी.एम.	:	232
सोडियम पी.पी.एम.	:	90
कैल्शियम पी.पी.एम.	:	25
आई.ए.ए. पी.पी.एम.	:	8.5
जी.ए. पी.पी.एम.	:	3.5
सूक्ष्म जीव संगठन		
कवक	:	38800 / मि.ली.
जीवाणु	:	1880000 / मि.ली.
लेक्टोबैसीलस	:	2260000 / मि.ली.

प्रयोग

पत्तियों पर छिड़कावः अधिकतर फसलों में 3 प्रतिशत पंचगव्य बहुत प्रभावकारी है, जैसे 3 लीटर पंचगव्य को 100 लीटर पानी में मिलाकर पत्तियों पर छिड़काव करते हैं। छिड़काव से पहले घोल को छान लेना चाहिए ताकि स्प्रे करते समय नोजल बंद ना हो।

सिंचाई के रूप में: पंचगव्य घोल को सिंचाई के रूप मे प्रयोग कर सकते हैं। इसके लिए मात्र 20 लीटर प्रति एकड़ की दर से प्रयोग करें।

बीज या पौध उपचार: नर्सरी बेड का 3 प्रतिशत घोल से ड्रेंचिंग करते हैं या पौधों को 3 प्रतिशत घोल में डुबोते हैं। पौधों को घोल में लगभग 30 मिनट तक रखते है।

सारणी 2. विभिन्न फसलों में पंचगव्य के छिड़काव का समय

फसल	छिड़काव का समय
चावल	रोपाई के 10, 15, 30 और 50 दिन बाद
सूरजमुखी	बिजाई 30, 45 और 60 के बाद
उड़द	पहला छिड़काव फूल आने पर और दूसरा छिड़काव फूल आने के 15 दिन बाद
मूंग	बिजाई के 15, 25, 30, 40 और 50
अरण्ड़ी	बिजाई के 30 और 45 दिन बाद
मूंगफली	बिजाई के 30 दिन बाद
भिण्ड़ी	रोपाई 30,45, 60 और 75 दिन बाद
टमाटर	1 प्रतिशत का 12 घंटे तक बीज उपचार
प्याज	रोपाई के 45 और 60 दिन बाद
गुलाब	कटाई एवं छंटाई के समय

पंचगव्य बनाते समय रखने योग्य सावधानियाँ

- पंचगव्य बनाने के लिए हमेशा मिट्टी का घड़ा ही प्रयोग में लेना चाहिए।
- गाय के उत्पादों को मिलाते समय उचित अनुपात का ध्यान रखना चाहिए।
- मिट्टी के घड़े के मुँह को मक्खियों व मच्छरों से बचाने के लिए हमेशा सूती कपड़े से ढंकना चाहिए।
- पंचगव्य बनाते समय छायादार स्थान का चुनाव करना चाहिए।

लागत: एक हैक्टेयर के लिए 15–20 लीटर पंचगव्य की आवश्यकता होती है जिसको बनाने में लगभग 3000–4000 का खर्चा आता है। पंचगव्य के प्रयोग से उर्वरक, कीट एवं रोग–नियंत्रण पर होने वाले खर्चों में कमी भी की जा सकती है तथा 30000–32000 रु प्रति हैक्टेयर का शुद्ध लाभ कमाया जा सकता है।

❑❑❑

अध्याय 20

इनविट्रो वर्मीकम्पोस्टिंग

इनविट्रो वर्मीकम्पोस्टिंग: वर्मीकम्पोस्टिंग की यह पद्धत्ति बायोकन्वर्शन के रूप में जानी जाती है जिसके द्वारा मृदा में सूक्ष्म जीवों की संख्या में वृद्धि करना होता है। इसमें 5 टन प्रति हैक्टेयर के हिसाब से वर्मीकास्टिंग का प्रयोग अधारीय मात्रा के रूप में मृदा में करते हैं तथा जिसके ऊपर एक जैसी जीवांश पदार्थों की 2.5 सेंमी. मोटी परत बिछा देते हैं। जीवांश पदार्थों के रूप में पशुओं का गोबर या मैली की खाद (Press Mud) काम में ले सकते हैं। इस जीवांश पदार्थों की परत के ऊपर गन्ने की पत्तियां, फसल अवशेष या शहरी बेकार कचरा की 10 सेंमी. मोटी परत बिछा देते हैं। इस प्रकार से 30 दिन में ही वर्मीकास्टिंग में मौजूद कोकून से बच्चे निकलना प्रारम्भ कर देते हैं तथा केंचुओं की संख्या में भी वृद्धि या गुणन हो जाता है। यह केंचुए खेत में काम में लिये गये कार्बनिक अपशिष्ट पदार्थों का विघटन करते रहते हैं। इस सम्पूर्ण प्रक्रिया में खेत के अन्दर 25–30 प्रतिशत नमी बनाये रखना जरूरी है। इस विधि द्वारा मृदा में सूक्ष्म जीवों की तादाद काफी बढ़ जाती है। इसमें मृदा को 2–3 माह तक आराम देने की जरूरत होती है। केंचुए एवं जीवांश को बचाने की दृष्टि से रसायनों का प्रयोग भी नगण्य रखते हैं। जो किसान उपलब्ध जमीन को जैविक खेती में बदलना चाहते हैं उनके लिए यह कारगर साबित हो सकती है। यह एक बहुत अच्छी जैव विधि है। जैविक खेती शुरू करने से पूर्व हरी खाद वाली फसलें, जैसे ढ़ैचा सा सनई खेत में उगाकर उसी खेत में मिट्टी पलटें, हल से मिट्टी में दबा देनी चाहिए।

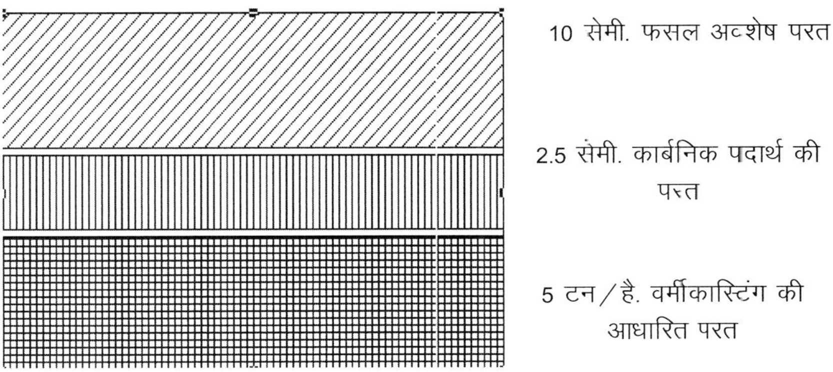

❑❑❑

अध्याय 21

फसल अवशेष प्रबंधन

फसल अवशेष में वह सभी पदार्थ आते हैं जो फसल की कटाई और गहाई के उपरान्त जमीन पर छोड़ दिए जाते हैं। इनमें मुख्यतः भूसा, तने, डण्ठल, गन्ने का पतवार और मूंगफली के छिलके आदि आते हैं। अनाज, दलहन, तिलहन तथा नगदी आदि फसलों के भिन्न–भिन्न मात्रा में फसल अवशेष उत्पन होते हैं। फसल अवशेषों की उपलब्धता की गणना फसलों की आर्थिक उपज एवं अवशेष अनुपात के आधार पर की जाती है। हमारे देश में प्रतिवर्ष लगभग 376 मिलियन टन फसल अवशेष उत्पन्न होते हैं।

इतनी अधिक फसल अवशेष को देखते हुए यह एक महत्वपूर्ण पुनर्जीवित होने वाले स्त्रोत हैं। इसके अलावा फसलों का उत्पादन बढ़ाने से इनकी मात्रा और बढ़ेगी। अनुसंधानों से पता चला है कि पादप अवशेषों में पोषक तत्वों की काफी मात्रा होती है। एक साधारण अनुमान के अनुसार देश में पैदा होने वाले फसल अवशेषों में 76.37 लाख टन मुख्य पोषक तत्व प्राप्त होंगे।

सारणी 1. भारत में पैदा होने वाले पादप अवशेषों से प्राप्त अनुमानित मुख्य पोषक तत्व।

क्र.स.	मुख्य पोषक तत्व	मात्रा (लाख टन में)
1.	नाइट्रोजन	25.37
2.	फास्फोरस	4.08
3.	पोटाश	46.92
	कुल योग	76.37

इनमें से 25.37 लाख टन नाइट्रोजन, 4.08 लाख टन फास्फोरस एवं 46.92 लाख टन पोटाश होगा। परन्तु पादप अवशेषों के अन्य बहुत से रूपों में उपयोग होने की वजह से देश में जो भी फसल अवशेष पैदा होते हैं, खेती में प्रयोग हेतु उपलब्ध नहीं होते। यदि इन फसल अवशेषों का आधा भाग पशुओं के चारे तथा ईंधन आदि के रूप में प्रयुक्त कर भी लिया जाए तो भी जमीन को प्रतिवर्ष लगभग 38 लाख टन पोषक तत्व प्राप्त हो सकते हैं जो कि कुल नाइट्रोजन, फास्फोरस और पोटाश की खपत का लगभग एक चौथाई है।

पादप अवशेषों का पुनः चक्रणः मृदा स्वास्थ्य बढ़ाने के लिये पादप अवशेषों का पुनः चक्रण भूमि में सीधा मिलाकर बिछावन के रूप में सतह पर प्रयोग करके अथवा कम्पोस्ट व वर्मीकम्पोस्ट बनाकर प्रयोग किया जा सकता है। पादप अवशेष अत्यधिक कार्बन युक्त पदार्थ होते हैं जिनको जमीन में मिलाने या बिछावन के रूप में सतह पर प्रयोग करने पर जमीन में पोषक तत्वों का निष्कासन विघटन प्रक्रिया के द्वारा होता है। पादप अवशेषों का विघटन उनमें विद्यमान पदार्थों के गुणधर्मों पर निर्भर करता है। इनके विघटन का साधारण सिद्धान्त यह है कि पादप अवशेष, जैसे कि अनाज का भूसा,गन्ने के पतवार आदि जिनका कार्बन–नाइट्रोजन अनुपात 40:1 से भी अधिक है, देर से विघटित होते हैं। इसके विपरीत दलहनी फसलों के अवशेष जिनका कार्बनः नाइट्रोजन अनुपात संकीर्ण होता है (35:1) जो तेजी के साथ विघटित होते हैं। अनाज वाली फसलों का भूसा (जिनका कार्बनः नाइट्रोजन अनुपात अधिक होता है) के धीमे विघटन से नाइट्रोजन का स्थिरीकरण मृदा में हो जाता है। अनुसंधानों से पता चला है कि फसल की बुवाई से पहले पादप अवशेषों को जमीन में मिलाने के बाद उन्हें सड़ने के लिए यदि एक महीने का समय मिल जाये तो स्थिरीकरण बहुत कम होता है। पादप अवशेषों, जैसे– पौधों की पत्तियां, भूसा, पुआल और घास आदि को मिट्टी में दबाने से मिट्टी में कार्बनिक पदार्थ की मात्रा बढ़ जाती है और मृदा की संरचना में सुधार होता है। पादप अवशेषों के साथ 30–40 किलो रॉक फास्फेट अथवा सुपरफास्फेट तथा यूरिया 30 किलो बुरकाव करके मिट्टी पलटने वालों से अवशेषों को मिला दे तथा सिंचाई करें। मिलाने से सड़ाव तीव्र गति से होता है,साथ में जमीन के उपलब्ध फास्फोरस का स्तर भी बढ़ जाता है, क्योंकि विघटन की क्रिया के समय विभिन्न कार्बनिक अम्ल स्रावित होते रहते हैं।

पादप अवशेषों के जमीन में पुनः चक्रण के निम्नलिखित लाभ हैं:

मृदा की भौतिक दशाएं, जैसेः संरचना, पारगम्यता, जल धारण क्षमता एवं तापक्रम आदि में सुधार होता है। पादप अवशेषों के विघटन से पौधों के पोषक तत्वों का निष्कासन होता है जो कुछ हद तक संतुलित पौध पोषण में सहयोग करते हैं। जमीन में कार्बनिक पदार्थ की मात्रा बढ़ाते हैं, कार्बनिक पदार्थों की अधिक मात्रा से मतलब है कि जमीन उपजाऊ है और अधिक उपज ली जा सकती है, मिट्टी के अंदर पाये जाने वाले सूक्ष्म जीवों की संख्या में वृद्धि करते हैं। सूक्ष्म जीव जमीन के भीतर होने वाली विभिन्न जैव रासायनिक क्रियाओं में सहभागी होते हैं। पोषक तत्वों के अविलेय रूप को पौधों को उपलब्ध बनाने में मदद करते हैं। पोषक तत्वों का निष्कासन धीरे–धीरे होता है ,जो पोषक तत्वों की होने वाली संभावित हानि को रोकते हैं। रासायनिक उर्वरकों की उपयोग दक्षता में काफी हद तक वृद्धि करते हैं। राष्ट्रीय स्तर पर यदि सम्पूर्ण पादप अवशेषों को जमीन में वापस मिला दिया जाए तो फसलों की उर्वरक सम्बन्धी आवश्यकता में 25 प्रतिशत तक बचत की जा सकती है। जब पादप अवशेषों को बिछावन के रूप में जमीन पर बिछाया जाता है तो यह

मृदा कटाव को रोकते हैं एवं भूमि पानी के संरक्षण में मदद करते हैं। उपरोक्त लाभों के अतिरिक्त पादप अवशेषों को जमीन में मिलाने से मृदा उर्वरता में सुधार होता है तथा फसलोत्पादन में टिकाऊपन आता है जिसकी वर्तमान समय में भावी पीढ़ियों के पोषण करने की जरूरत है।

पादप अवशेषों के पुनः चक्रण में बाधायें और निवारण: किसानों द्वारा पादप अवशेषों के प्रयोग में अनेक बाधायें आती हैं जिससे पादप अवशेष का सही तरीके से पुनः चक्रण नहीं हो पा रहा है। पादप अवशेषों के पुनः चक्रण में आने वाली बाधायें और उनको दूर करने के उपाय निम्नलिखित हैं:

- देश में बहुत से भागों में पादप अवशेषों को जला दिया जाता है जिससे उसमें उपस्थित पोषक तत्व बरबाद हो जाते हैं। पादप अवशेषों को सीधे रूप में मिलाने या उनको कम्पोस्ट या वर्मीकम्पोस्ट बनाकर प्रयोग करने की विधियों की जानकारी किसानों को नहीं है। प्रसार कार्यकर्ताओं द्वारा किसानों को पादप अवशेषों में उपलब्ध पोषक तत्वों तथा उनके द्वारा फसल को होने वाले लाभ के बारे में जानकारी देना अति आवश्यक है।

- देश के देहाती इलाकों में पादप अवशेषों को पशुओं के चारे, जलाने तथा मकानों के निर्माण आदि के रूप में प्रयुक्त किया जाता है। गेहूँ तथा धान का भूसा एवं चना व सोयाबीन का भूसा हरे चारे की तुलना में गुणवत्ता में खराब होने के बावजूद भी चारे की कमी के समय बहुतायत के साथ प्रयोग किया जाता है। जमीन में प्रयोग से पहले इनका आर्थिक मूल्यांकन किया जाये जिससे किसानों को इनके जमीन में प्रयोग हेतु प्रेरित किया जा सके।

- कुछ फसल अवशेष, जैसे धान का भूसा, गन्ने के पतवार, सरसों के डण्ठल, तने तथा कपास के तने आदि को जमीन में मिलाने से पूर्व उन्हें छोटे–छोटे टुकड़ों में काटना पड़ता है। बगैर काटे इनके जमीन में मिलाने में परेशानी होती है, अतः उपयुक्त मशीनों तथा उपकरणों का विकास किया जाये जिससे पादप अवशेषों को जमीन में मिलाने से पहले छोटे–छोटे टुकडों में बांटा जा सकता है।

- सघन कृषि वाले क्षेत्रों में किसानों के लिये यह संभव नहीं होता है कि पादप अवशेषों को सड़ाने के लिये अगली फसल की बुवाई से पूर्व एक महीने का समय दिया जाये। ऐसी दशाओं में पादप अवशेषों को जमीन में सीधे प्रयोग करने की अपेक्षा उनकी कम्पोस्ट बनाकर प्रयोग करना अधिक अच्छा रहेगा।

- फसल अवशेषों को फसल की बुवाई के समय प्रयोग करने से अल्पकालीन कोई भी लाभ नहीं होता है। हालांकि बिछावन के रूप में जमीन की सतह पर डालने से मृदा नमी में बचत, तापक्रम संयमित तथा खरपतवार नियंत्रण किया जा सकता है। फसल

अवशेषों को रबी की अपेक्षा खरीफ में मिलाना अधिक अच्छा होता है, क्योंकि खरीफ में तापक्रम व नमी अधिक होने की वजह से विघटन अच्छा होता है। इस प्रकार से लाखों टन फसल अवशेषों को जलाकर नष्ट होने से बचाया जा सकता है तथा मृदा में उर्वरता सुधार के साथ पर्यापरण प्रदूषण को भी कुछ हद तक कम किया जा सकता है जो टिकाऊ कृषि उत्पादन प्राप्त करने के प्रयास में भी महत्वपूर्ण भूमिका अदा कर सकते हैं।

सारणी 2. भारत में प्रति वर्ष विभिन्न कार्बनिक अवशेष का अनुमानित उत्पादन

क्र.स.	**स्त्रोत**	**अवशेष की मात्रा (मिलियन टन)**
1.	कृषि (फसल अवशेष)	376
2.	शहरी अपशिष्ट व कचरा	160
3.	औद्योगिकी अपशिष्ट	120
4.	अन्य	44
	कुल	**700**

- इनके अलावा पशु गोबर की थ्योरेटीकल पोटेन्शियल एवं उपलब्धता–2 बिलियन टन प्रतिवर्ष है।

❑❑❑

अध्याय 22

फसल अवशेष प्रबन्धन प्रौद्योगिकी

विभिन्न शोधों से पता चलता है कि धान के भूसे को जलाने के बजाय धान के भूसा उपयोग विभिन्न तरीकों, जैसे– भूसे को जलाकर मृदा में मिलाना, भूसे को सैलुलोज विघटनकारी फफूंदी के साथ मृदा में समावेशित करना, भूसे को फास्फेट कम्पोस्ट के साथ मृदा में समावेशित करना एवं भूसे को जलाकर फास्फेट कम्पोस्ट के साथ मृदा में मिलाने से गेहूँ की उपज तथा मृदा गुणवत्ता (जैविक कार्बन, कुल नत्रजन, उपलब्ध फास्फोरस, पोटाश एवं सूक्ष्म जैविक कार्बन) में वृद्धि होती है। देश में रासायनिक उर्वरकों के प्रयोग से पहले केवल कार्बनिक पदार्थ ही पौधों के पोषक तत्वों के बाहरी स्त्रोत थे। पिछले तीन दशकों में रासायनिक उर्वरकों के अधिकाधिक प्रयोग की वजह से कार्बनिक पदार्थो द्वारा मृदा में उर्वरता बनाए रखने के महत्व को नकार दिया गया। लेकिन वर्तमान समय में बढ़ती हुई आबादी के लिये टिकाऊ उत्पादन प्राप्त करने और पर्यावरण की दशा में ध्यान में रखते हुए केवल रासायनिक उर्वरकों के प्रयोग के बारे में सोचने को मजबूर होना पड़ा। आधुनिक युग में उर्वरकों की बढ़ती हुई कीमतें और उनके उपयोग से पर्यावरण को होने वाले संभावित खतरे के मद्देनजर कार्बनिक पदार्थों के मृदा स्वास्थ्य एवं फसल उत्पादकता बनाये रखने में उनके सहायक एवं उनके पूरक महत्व के बारे में सोचना पड़ा। फसल अवशेष वह कार्बनिक पदार्थ है जो लगातार टिकाऊ कृषि उत्पादन प्राप्त करने के प्रयास में महत्वपूर्ण भूमिका अदा कर सकते हैं। फसल अवशेष स्थानीय रूप से उपलब्ध पुनर्जीवित स्त्रोत है और यदि इनको सही ढ़ंग से मृदा, स्वास्थ्य बनाये रखने या बढ़ाने के लिये उपयोग किया जाये तो पर्यावरण प्रदूषण को भी कोई खतरा नहीं रहता है। धान–गेहूँ फसल प्रणाली में फसल अवशेष को जोतना, कम्पोस्ट बनाकर उपयोग में लेने आदि पर काफी शोधकार्य किये गए हैं। लेकिन फिर भी किसान मुख्यतः फसल अवशेषों को जलाकर नष्ट कर देते हैं। इसके पीछे मुख्य कारण धान की कटाई व गेहूँ की बुवई के मध्य कम समय का अन्तराल है जो कि धान के फसल अवशेषों को मृदा में सड़ाने–गलाने के लिए पर्याप्त नहीं होता है, साथ ही तापमान में एकाएक गिरावट आने के कारण अवशेषों को सड़ाने–गलाने में सहायक जीवाणु भी निष्क्रय हो जाते हैं। ऐसी परिस्थितियों में फसल अवशेषों को जुताई कर मृदा में मिलाने पर मृदा में उपलब्ध पोषक तत्व भी पौधों के लिये उपलब्ध नहीं रहते हैं जिससे फसल शुरू से ही कमजोर रहती है तथा उत्पादन भी घट जाता है।

उपरोक्त परिस्थितियों में भी फसल अवशेषों का आसानी से उपयोग किया जा सकता है जो फसलोत्पादन में वृद्धि के साथ–साथ मृदा उर्वरता तथा उत्पादन को बनाये रखने में भी सहायक होता है। फसल अवशेष प्रबन्ध के कुछ मुख्य उपाय इस प्रकार हैं:

1. **कम्पोस्ट तैयार करनाः** कम्पोस्ट तैयार करने के विभिन्न तरीकों पर परीक्षण किया गया तथा कम्पोस्ट का फसल उत्पादन तथा मृदा की गुणवत्ता पर सकारात्मक प्रभाव देखा गया।

अ) **फास्फोकम्पोस्टः** फास्फोकम्पोस्ट एक जैविक एवं प्राकृतिक खाद है। इसका निर्माण फसल अवशेषों, पशुओं की बिछावन व अन्य कार्बनिक अवशेषों में रॉक फॉस्फेट आदि को मिलाकर तथा सूक्ष्म जीवों के माध्यम से अघुलनशील तत्वों को घुलनशील तत्वों में बदला जाता है। फॉस्फोकम्पोस्ट तैयार करने की लागत तालिका–1 में दर्शायी गई है।

सारणी 1. फास्फोकम्पोस्ट तैयार करने की लागत

क्र.सं.	पदार्थ	मात्रा शुष्क भार (किलोग्राम)	अनुमानित लागत (रुपये)
1.	फसल अवशेष / जैव विघटित अपशिष्ट पदार्थ	180	0.00
2.	कम्पोस्ट	200	नगण्य
3.	रॉक फॉस्फेट	250	250
4.	विधटन विलायक	1	30
5.	मानव श्रम	—	210
		लागत	490

इन परिणामों के आधार पर यह पाया गया कि धान के भूसे को खेत में जलाने के बजाय सेलुलोज विघटनकारी फफूंदी या फॉस्फोकम्पोस्ट के साथ मृदा में मिलाने से न केवल फसलोत्पादन में वृद्धि होती है, बल्कि भूमि की गुणवत्ता में भी सार्थक सुधार होता है जिसके दूरगामी प्रभाव हमारे प्राकृतिक संसाधनों को प्रभावित करते हैं।

ब) **जैविक खाद तैयार करने में फसल अवशेषों का प्रयोगः** इस तकनीक में धान के फसल अवशेषों को जिंक सल्फेट (1.26 प्रतिशत), फेरस सल्फेट (0.625%) तथा कॉपर सल्फेट (0.0625 प्रतिशत) के घोल द्वारा उपचारित करके, गड्ढों में रखें तथा 10 दिन के उपरान्त एक बार पलटने के बाद गड्ढे पुनः बंद कर दें। 21 दिन के उपरान्त गड्ढे में कम्पोस्ट तैयार हो जाता है। उपरोक्त रसायनों के घोल से भूसे के विघटन में तेजी आती है तथा गड्ढे के तापमान को मापने पर प्रतीत होता है कि

इन रसायनों से कम्पोस्ट कम समय में तैयार किया जा सकता है जिसका उपयोग धान की कटाई के बाद गेहूँ की फसल की बुवाई से पूर्व खेत में मिलाकर किया जा सकता है। प्रयोग से प्राप्त आंकड़े इस बात की भी पुष्टि करते हैं कि कम्पोस्ट के प्रयोग से फसल उत्पादन में बढ़ोतरी के साथ–साथ मृदा की गुणवत्ता में भी सुधार होता है। यह विधि किसान द्वारा अपनायी गई पारम्परिक विधि से बेहतर है, क्योंकिः

i) इस विधि से कम्पोस्ट कम समय (मात्र 21 दिन) में तैयार हो जाता है।

ii) यह विधि कम खचीर्ली है।

iii) इसमें कम्पोस्ट को सिर्फ एक बार पलटना पड़ता है, इसलिए इसमें श्रम की बचत होती है।

iv) यह कम समय में तैयार किया जाता है जिससे पोषक तत्वों की हानि नगण्य होती है।

2. **शून्य तथा न्यून कर्षण क्रियाओं द्वारा फसल अवशेष प्रबन्धः** धान–गेहूँ व अन्य फसल में अधिक कर्षण क्रियाओं से मृदा क्षरण, मृदा के भौतिक तथा रासायनिक गुणों में हान्स को विभिन्न स्थानों पर विभिन्न परीक्षणों द्वारा दर्ज किया गया है। परम्परागत तरीकों से कर्षण क्रियाओं से न केवल उत्पादकता लागत बढती है, अपितु उत्पादकता में कमी के साथ–साथ मृदा की गुणवत्ता में भी कमी आने लगी है।

इन तथ्यों को मद्देनजर रखते हुए शून्य तथा न्यून कर्षक पर बल दिया जा रहा है। प्रयोगों में विभिन्न कर्षण क्रियाओं में फसल अवशेष प्रबन्ध पर किये गये शोध से पता चलता है कि यदि धान की कटाई मशीन से की जाती है और फसल अवशेषों पर 1.25 प्रतिशत जिंक सल्फेट, 0.625 प्रतिशत फेरस सल्फेट, 0.0625 प्रतिशत कॉपर सल्फेट के मिश्रित घोल या 30 किलो ग्राम प्रति हैक्टेयर नत्रजन के घोल का छिड़काव किया जाता है तो न्यून या शून्य कर्षण में गेहूँ की पैदावार में वृद्धि के साथ–साथ भूमि की उर्वरा शक्ति में भी वृद्धि होती है। गेहूँ की कटाई के उपरान्त उपरोक्त घोल का फसल अवशेषों पर छिड़काव करने के बाद मिट्टी पलटने वाले हल से एक जुताई करके पाटा लगाया जाए और उसके बाद सिंचाई कर दी जाए तो 60–70 दिन के अन्तराल में ज्यादा तापमान हो जाता है। यही तापमान फसल अवशेषों को सड़ाने–गलाने में सहायक सिद्व होता है।

गेहूँ की बुवाई खड़े फसल अवशेषों में न्यून कर्षक क्रियाओं द्वारा करने पर उपज में बढ़ोतरी दर्ज की गई है। इसका कारण फसल अवशेषों में कार्बन एवं नत्रजन के अनुपात का अधिक होना है। पारम्परिक कर्षण क्रियाओं में फसल अवशेष मृदा के पूर्ण सम्पर्क में होते है। अतः इनको सड़ाने–गलाने में सहायक सूक्ष्म जीव मृदा में उपलब्ध पोषक तत्वों को भोजन के रूप में उपयोग कर लेते है जिससे मृदा में इन तत्वों की कमी हो जाती है । शून्य/न्यून कर्षण क्रियाओं में फसल अवशेष भूस्तर के ऊपर ही रहते हैं तथा भू–सतह पर ही नमी तथा नमक/नत्रजन के घोल से धीरे–धीरे सड़ते रहते है जो गेहूँ की फसल की

कटाई तक काफी सड़–गल जाते हैं। ये आधे सड़े–गले फसल अवशेषों के साथ मृदा में मिलाने पर इनको सड़ने–गलाने वाले सूक्ष्म जीवाणुओं के भोजन का भी कार्य करते हैं जिससे जीवाणुओं को ऊर्जा मिलती है। इससे सूक्ष्म जीवों की संख्या व उनकी सक्रियता में वृद्धि होती है। इसका मृदा उत्पादकता व उर्वरता पर सकारात्मक प्रभाव पड़ता है जिससे मृदा उर्वरता सतत बनी रहती है। देश की इस खाद्यान्न आत्मनिर्भर फसल पद्वति का टिकाऊपन बनाये रखने के लिए फसल अवशेषों का उचित प्रबन्धन अनिवार्य है जिससे–

- फसल अवशेषों के उचित उपयोग से न केवल भूमि की उर्वराशक्ति में वृद्धि होती है, अपितु उत्पादकता में भी बढ़ोतरी होगी।
- फसल अवशेष प्रबन्ध से संतुलित पादप पोषण में सहायता मिलेगी जिससे मृदा में रासायनिक खादों के असंतुलित उपयोग से उत्पन्न समस्याओं से निजात मिलेगी।
- भारत में पोटाश का उत्पादन नहीं होता तथा पोटाश विदेशों से आयात करना पड़ता है जिससे भारी मात्रा में विदेशी निवेश होता है।
- धान–गेहूँ फसल में अवशेषों के उचित प्रबन्धन से लगभग 16 लाख टन पोटाश के लिये विदेशी मुद्रा की बचत की जा सकती है।
- धान–गेहूँ फसल में अवशेषों के उचित प्रबन्धन से लगभग 16 लाख टन मुख्य तत्वों, 4 लाख गौण तत्वों तथा 70 हजार टन सूक्ष्म तत्वों के समतुल्य रासायनिक उर्वरकों की बचत की जा सकती है।
- इन रसायनों के वातावरण, मृदा तथा फसल उत्पादक की गुणवता पर पड़ने वाले दुष्प्रभावों को भी कम किया जा सकता है। फसल अवशेषों का उचित प्रबन्धन जैविक खेती की दिशा में एक महत्वपूर्ण कदम साबित हो सकता है।

फसल अवशेष प्रबन्धन प्रौद्योगिकी

गतिविधि	प्रभाव
कम्बाइन मशीन से गेहूँ फसल कटाई के उपरान्त बचे अवशेषों को जलाने के बजाए विभिन्न क्रियाओं द्वारा मृदा में मिलाना। **विधिः** 60 किग्रा. यूरिया एवं 40 किग्रा. एस.एस.पी. / है0 भुरकाव कर नमी बना कर जुताई कर मिट्टी में मिलाना तथा पाटा लगाकर सड़ने हेतु छोड़ना।	• मृदा की जल संचयन वृद्धि। • मृदा में कार्बनिक पदार्थों की वृद्धि (0.02 प्रतिशत) • मृदा उर्वरकता क्षमता, स्वास्थ्य सुधार में वृद्धि। • क्षेत्रीय पर्यावरण में सुधार। • रसायन उर्वरक उपयोग में 25–30% की बचत। • उचित डीकम्पोजिशन न होने की दशा में अगली फसल पर पीलापन के प्रभाव की सम्भावना।
कम्बाइन मशीन से गेंहू फसल कटाई के उपरान्त बचे अवशेषों को जलाकर नष्ट करना। (क्षैत्रों में प्रचलित प्रैक्टीस)	पर्यावरण को नुकसान, मृदा स्वास्थ्य, कार्बनिक पदार्थ में कमी, जलाने से जुताई करने में आसानी महसूस करने की किसानों की सोच।

खेत में गेंहूँ अवशेष प्रबंधन

खेत में फसल अवशेष प्रबन्धन

❑❑❑

अध्याय 23

संरक्षित खेती द्वारा प्राकृतिक संसाधन व पर्यावरण संरक्षण

कृषि उत्पादन विभिन्न संसाधनों, जैसे कि मिट्टी, पानी, पोषक तत्वें और ऊर्जा पर निर्भर है। वर्ष 1965 के दौरान हमारे देश में हरित क्रांति की स्वर्ण जयंती मनाई गई। हरित क्रांति से देश खाद्यान्न उत्पादन में आत्मनिर्भर बना, खाद्यान्नों की कीमतों में अस्थिरता कम हुई और यह भी देखा गया कि कृषि विकास आर्थिक विकास की गति प्रदान करने व गरीबी को कम करने के लिए एक प्रभावी साधन साबित हुआ। परंतु हरित क्रांति के पश्चात सघन रासायनिक व ट्रैक्टर–आधारित परंपरागत खेती को अपनाया गया, जिससे प्राकृतिक संसाधनों का अनुचित व अंधाधुंध इस्तेमाल हुआ। इसके कारण परंपरागत खेती के टिकाऊपन पर प्रश्न चिन्ह सा लग गया है। परंपरागत खेती की प्रमुख समस्याएंः कारक उत्पादकता में कमी, भू–जल स्तर में कमी, मृदा के लवणता स्तर में वृद्धि, मृदा उर्वरता व मृदा के भौतिक गुणों में गिरावट, जैव विविधता को खतरा, वायु व भू–जल प्रदूषण एवं कृषि आय में अस्थिरता आदि हुई है।

उपरोक्त परिस्थितियों को ध्यान में रखकर कम लागत के टिकाऊ कृषि उत्पादन उपायों को अपनाने की आवश्यकता है, जिससे किसान अधिक से अधिक लाभ प्राप्त कर सकें। टिकाऊ कृषि उत्पादन हेतु संरक्षित खेती संभवतः एक सशक्त विकल्प साबित हो सकता है।

क्या है संरक्षित खेती?

संरक्षित खेती फसल उत्पादन की वह पद्धति है जिसके अंतर्गत संसाधन संरक्षण तकनीकों की सहायता से अधिकतम व टिकाऊ उत्पादन स्तर के साथ–साथ प्राकृतिक संसाधन व पर्यावरण संरक्षण को ध्यान में रखते हुए फसल उत्पादन किया जाता है। संरक्षित खेती भूमि के ऊपरी व निचली सतह के अंदर प्राकृतिक जैविक क्रियाओं को बढ़ावा देने पर आधारित है। यह खेती मुख्यतः तीन सिद्धान्तों– (1) न्यूनतम जुताई, (2) मृदा सतह पर फसल अवशेषों का स्थायी आवरण एवं (3) फसल चक्र विविधीकरण पर आधारित है।

1. न्यूनतम जुताई

संरक्षित खेती के अंतर्गत यांत्रिकीय भू–परिष्करण प्रक्रिया को अधिकतम सीमा तक कम किया जाता है। मिट्टी में बीज एवं खाद डालने हेतु ही एक विशेष प्रकार के यंत्र से जुताई की जाती है और दो लाइनों के बीच की जगह को नहीं हिलाया जाता है। परंपरागत खेती के अन्तर्गत निरंतर जुताई करने से मृदा में उपस्थित कार्बनिक पदार्थों का ऑक्सीकरण बढ़ता है, जिससे मृदा में कार्बनिक पदार्थों की कमी हो जाती है। कार्बनिक पदार्थ मृदा स्वास्थ्य को बनाये रखने के लिये महत्वपूर्ण अवयव हैं। न्यूनतम जुताई करने से मृदा में जैविक प्रक्रिया के द्वारा स्थायी मृदा संरचना का निर्माण होता है जिसके परिणामस्वरूप मृदा में विभिन्न प्रकार के रंध्रावकाश बनते हैं। इससे मृदा में जल का अंतः स्त्रवण एवं वायु संचार बढ़ता है। इस प्रक्रिया को जैविकीय भू–परिष्करण भी कहते हैं।

2. स्थायी रूप से मृदा सतह पर फसल अवशेष का आवरण बनाये रखना

संरक्षित खेती का दूसरा मुख्य सिद्धान्त है मृदा सतह पर फसल अवशेषों का स्थायी आवरण बनाये रखना। यह आवरण मृदा को वायु व जल द्वारा होने वाले क्षरण से बचाता है व साथ ही साथ फसल अवशेष, कार्बनिक पदार्थ के मुख्य स्त्रोत होते हैं, जो मृदा स्वास्थ्य को उत्तम बनाये रखने के लिए आवश्यक है। यह फसल अवशेष सड़ने पर मृदा का पोषण करते हैं। साथ ही साथ बोई गई फसल से किसी भी प्रकार की प्रतिस्पर्धा नहीं रखते हैं। इसके अलावा ये अवशेष मृदा की सतह पर होने के कारण मृदा के भीतर एवं फसल के अंदर भी तापमान को सामान्य करते हैं और इस तरह जलवायु परिवर्तन की दृष्टि से भी महत्वपूर्ण भूमिका निभाते हैं।

3. फसल चक्र विविधीकरण

फसल चक्र में अपनाई गई हर फसल में जुताई, पानी, पोषक तत्वों की जरूरत, कीटों–बीमारियों का प्रकोप एवं रसायनों का प्रयोग अलग होता है। इस चक्र में विविधीकरण करने से मृदा की उर्वरा शक्ति में सुधार होता हैं। साथ ही साथ कीट व्याधि व बीमारियों के कारकों पर प्रतिकूल प्रभाव पड़ता है। आदर्श फसल चक्र में एक दलहनी फसल का समावेश करें, फसल चक्र में दाने, दाल वाली या हरी खाद वाली फसल का समावेश अवश्य करना चाहिए।

भारत में संरक्षित खेती की प्रगति

भारत में संरक्षित खेती पर अनुसंधान कार्य की शुरुआत तो वर्ष 1970 या 1980 के दशकों में शून्य जुताई से हुई। परंतु उस समय उपयुक्त यंत्र की अनुपलब्धता व खरपतवार प्रबंधन की समस्या मुख्य बाधा साबित हुई। नब्बे के आरंभिक वर्षों में पंतनगर में स्थित कृषि विश्वविद्यालय ने शून्य जुताई सीड़ ड्रिल बनाई। इसके पश्चात निजी कंपनियों नें उन्नत किस्म के शून्य जुताई सीड कम ड्रिल से बुआई करने के लिये पूर्व फसल अवशेषों को खेत

से हटाना पड़ता था, जिसके कारण संरक्षित खेती के दूसरे सिद्धान्त का पालन नहीं होता है। इस समस्या के निवारण के लिये 20 वीं सदी के प्रारंभ में एक उन्नत किस्म की शून्य जुताई सीड ड्रिल का निर्माण किया गया, जो पूर्व फसल अवशेषों की उपस्थिति में भी अगली फसल की बीजाई करनें में सक्षम है, इसे हैप्पी सीडर या टर्बो सीडर के नाम से जाना जाता है। अभी भी भारत में संरक्षित खेती अपने शुरुआती दौर में है। हमारे देश में संरक्षित खेती मुख्यतः सिंचित चना क्षेत्रों में अपनायी जा रही है जिसमें मुख्य रूप से गंगा के मैदानी क्षेत्र में धान–गेहूं फसल प्रणाली सबसे प्रमुख है, जिसका कुल क्षेत्रफल 10.5 मिलियन हैक्टेयर है। संरक्षित खेती तकनीकी धान–गेहूं फसल प्रणाली के अन्तर्गत आने वाले 2–3 मिलियन हैक्टेयर क्षेत्र में अपनाई जा रही है जिसका प्रमुख कारण यह है कि परंपरागत विधि से धान के बाद गेहूं की खेती करने से बुआई में अधिक विलम्ब होता है, इसलिए वहाँ शून्य जुलाई से गेहूँ की खेती काफी प्रचलित है। अभी भी हमारे देश में पूर्ण संरक्षित खेती अर्थात जो तीनों सिद्धान्तों पर आधाारित हो, का क्षेत्रफल कम है। नये कृषि यंत्रों जैसे हैप्पी सीडर और डबल डिस्क प्लांटर के आने व परंपरागत खेती की समस्याओं ने कृषकों का ध्यान संरक्षित खेती की और खींचा है जिससे यह अनुमान है कि आने वाले समय में संरक्षित खेती का दायरा गंगा के मैदानी क्षेत्रों में धान–गेहूं फसल पद्धति तक सीमित न रहकर बाहर भी बढ़ेगा। वर्ष 2012 के बाद मध्य प्रदेश के कैमूर पठार व सतपुड़ा पहाड़ी कृषि जलवायु क्षेत्रों में भी संरक्षित खेती का क्षेत्रफल बढ़ा है। वर्तमान में विभिन्न संस्थायें, जैसे अंतर्राष्ट्रीय मक्का व गेहूं अनुसंधान केन्द्र, बोरलॉग संस्था, खाद्यान्न फसल प्रणाली उपक्रम (सीसा) और भारतीय कृषि अनुसंधान परिषद् के विभिन्न संस्थान व राज्य सरकार द्वारा संचालित कृषि विश्वविद्यालय भारत में संरक्षित खेती पर अनुसंधान कार्य कर रहे हैं और इससे किसानों के खेतों में प्रदर्शित कर प्रचार–प्रसार भी कर रहे हैं। राजस्थान में भी धान–गेहूँ/चना, सोयाबीन–गेहूँ, सोयाबीन–चना, उड़द–सरसों/चना फसल प्रणाली में संरक्षित खेती अपनाई जा सकती है।

संरक्षित खेती के लाभ

- परंपरागत खेती के अन्तर्गत लगभग 4–5 बार ट्रैक्टर द्वारा जुताई की जाती है। जबकि संरक्षित खेती में शून्य जुताई या कम से कम जुताई की जाती है, जिससे डीजल व श्रम की बहुत कम आवश्यकता होती है। संरक्षित खेती को अपनाकर लगभग 2500–3000 रुपये/हैक्टेयर व ऊर्जा की बचत होती है (सारणी–1)।
- भविष्य में सिंचाई के लिये जल उपलब्धता एक चुनौती होगी, क्योंकि भू–जल का स्तर तेजी से कम हो रहा है। संरक्षित खेती के अंतर्गत खेत की लेजर लेवलिंग कराकर जल की बचत की जा सकती है। संरक्षित खेती के अंतर्गत यदि खेत में पर्याप्त नमी हो तो बुआई के पूर्व पलेवा करने के लिये जल की आवश्यकता नहीं पड़ती तथा बुआई के बाद भी पानी की आवश्यकता कम होती है। इस उन्नत

तकनीक से खेती करने पर 20–35 प्रतिशत तक पानी की बचत की जा सकती है। मृदा सतह पर फसल अवशेषों का आवरण बना होने के कारण मृदा में नमी बनी रहती है और वाष्पीकरण द्वारा पानी की हानि भी कम होती है।

- मृदा सतह पर फसल अवशेष बनाये रखने से मृदा सतह का वातावरण लाभकारी मृदा सूक्ष्म जीवों के लिये अनुकूल हो जाता है जिससे उनकी संख्या में वृद्धि होती है। इसके परिणामस्वरूप फसल अवशेषों का विघटन होता है जिससे मृदा में कार्बनिक पदार्थों का स्तर बढ़ता हैं।

सारणी 1. जायद मूंग में शून्य जुताई मशीनरी (हेप्पी सीड़र व जीरो टिल ड्रिल) व पारंपरिक मशीनरी द्वारा समय, ईंधन लागत व कार्बन डाइऑक्साइड उत्सर्जन का तुलनात्मक वितरणः

विवरण	शून्य जुताई		पारंपरिक विधि से बुआई
	जीरो टिल ड्रिल द्वारा	हैप्पी सीड़र द्वारा	
समय लागत (घंटा / हैक्टेयर)	3	4	11
ईंधन लागत (लीटर / हैक्टेयर)	12	18	44
परिचालन ऊर्जा (मेगाजूल / हैक्टेयर)	687	1029	2542
समतुल्य कार्बन डाईऑक्साइड	30	45	115

(खेती, अंक 8, 2016)

- किसान भाई कम्बाइन हार्वेस्टर से गेहूं की कटाई करने के बाद खेत में बचे अवशेषों को आग लगाकर जला देते हैं जो कि वातावरण को तो प्रदूषित करता ही है, साथ ही मिट्टी को भी नुकसान पहुँचाता है। सामान्यतः एक टन फसल अवशेषों को जलाने से 3 कि.ग्रा. परिट्रकुलेट पदार्थ, 60 कि.ग्रा. कार्बन मोनोऑक्साइड, 160 कि. ग्रा. कार्बन डाईऑक्साइड, 199 कि.ग्रा. राख तथा 2 कि.ग्रा. सल्फर डाईऑक्साइड उत्पन्न होकर वायुमण्डल में मिलती है। इसके अलावा जो पोषक तत्व अवशेषों में होते हैं वे भी नष्ट हो जाते है।

- भूमि की सतह पर स्थायी रूप से फसल अवशेषों का आच्छादन होने के कारण बहुत से खरपतवारों के अंकुरण पर प्रतिकुल प्रभाव पड़ता है। साथ ही साथ धान की लम्बी अवधि की किस्म लगाने के कारण परंपरागत विधि से गेहूं की बुआई 25 नवंबर के बाद करते हैं। इसके कारण उपज में कमी आती है व खरपतवार, जैसे गेहूं के मामा (गुल्ली–डंडा) का प्रकोप बढ़ता है। धान–गेहूं फसल पद्धति में संरक्षित खेती अपनाने से गेहूं की बिजाई अक्टूबर महीने के अन्तिम सप्ताह से शुरू कर सकते हैं जिसके कारण गेहूं के मामा का जमाव कम होता है, क्योंकि वातावरण का तापमान 20 डिग्री सेल्सियस से अधिक होता है। गेहूं के मामा अंकुरण के लिये

सारणी 2. फसलों के अवशेषों में मुख्य पोषक तत्वों की मात्रा व विभिन्न फसलों के अवशेषों के दहन से उत्सर्जित होने वाली गैसों का विवरण (आंकड़े 2010–11)

फसल प्रकार	मुख्य पोषक तत्व			मिथेन उत्सर्जन (हजार टन कार्बन समतुल्य)	नाइट्रस ऑक्साइड उत्सर्जन (हजार टन कार्बन समतुल्य)	कुल उत्सर्जन (हजार टन कार्बन समतुल्य)
	नाइट्रोजन	फॉस्फोरस	पोटाश			
गेहूं	0.49	0.25	1.28	73.32	11.42	84.74
धान	0.58	0.23	1.66	82.37	32.44	114.81
मक्का	0.47	0.57	1.65	16.74	5.50	22.24
गन्ना	0.35	0.10	0.60	15.12	26.48	141.60
कपास	0.57	0.28	1.40	14.06	2.0	16.07
कुल	–	–	–	301.60	77.85	379.45

(खेती, अंकः 8, 2016)

लगभग 20 डिग्री सेल्सियस से कम तापमान की आवश्यकता होती है। संरक्षित खेती के अन्तर्गत जायद के मौसम में फसल लेने से व उन्नत तकनीक से खरपतवार प्रबंधन करने से खरीफ के मौसम में आने वाले खरपतवारों की समस्या कम होती है, क्योंकि खरीफ व जायद के मौसम में लगभग समान प्रकार के खरपतवार आते हैं। जायद के मौसम में फसल लेना एक तरह की स्टेल बेड तकनीक है, जो कि खरपतवार प्रबंधन के लिये उपयोगी है।

- संरक्षित खेती में फसल विविधीकरण करने से मृदा स्वास्थ्य में सुधार होता है व मृदा क्षरण की रोकथाम होती है। फसल विविधीकरण करने से फसलों में होने वाली बीमारियों, कीटों व खरपतवारों की रोकथाम की जा सकती है।
- यदि संरक्षित खेती के तीनों सिद्धान्तों को पूरी तरह से अपनाया जाये तो प्रारंभिक वर्ष में फसलों की उपज परंपरागत खेती में फसलों की उपज के समान ही प्राप्त होती है। परंतु 2–3 वर्षों के बाद फसलों की उपज परंपरागत खेती की तुलना में अधिक प्राप्त होती है। संरक्षित खेती तकनीक अपनाने से खेत की तैयारी की आवश्यकता नहीं पड़ती जिससे खेत की तैयारी में व्यर्थ होने वाले समय की बचत होती है, अतः खरीफ–रबी मौसम में फसल लेने के बाद जायद मौसम में छोटी अवधि की फसल, जैसे कि मूंग, उड़द, लोबिया या हरी खाद की फसल ढ़ैंचा, सनई आदि ले सकते हैं।

संरक्षित खेती का भविष्य

परंपरागत कृषि आधारित फसल उत्पादन प्रणाली बदलाव के दौर से गुजर रही है, जो कि खेतों की सघन जुताई से कम जुताई/शून्य जुताई की ओर बढ़ रही है। परंपरागत कृषि में आने वाली काफी समस्याओं का हल संरक्षित खेती को अपनाने से किया जा सकता है। संरक्षित खेती के अंगीकरण को प्रभावित करने वाले कारकों के विश्लेषण की आवश्यकता है। न्यूनतम यांत्रिकीय जुताई, फसल अवशेषों का स्थायी आवरण, फसल बुआई में दिक्कत, फसल चक्र विविधीकरण व समन्वित खरपतवार प्रबंधन संरक्षित कृषि के प्रमुख अवयव हैं। इनके प्रभाव के बारे में बहुत कम जानकारी उपलब्ध है जो कि संरक्षित खेती के अंगीकरण को प्रभावित कर सकते हैं। संरक्षित खेती के प्रमुख अवयवों का परस्पर प्रभाव जानना आवश्यक है, क्योंकि इन अवयवों का परस्पर प्रभाव सकारात्मक या नकारात्मक भी हो सकता है, जो कि स्थानीय परिस्थितियों पर निर्भर करता है। यदि इन अवयवों के परस्पर प्रभाव सकारात्मक है तो इन प्रभाव पर अधिक अनुसंधान किये जाने की आवश्यकता है जिसकी सहायता से संरक्षित खेती के अन्तर्गत फसलों की उपज बढ़ाई जा सके। किसी भी नई तकनीक के बारे में ज्यादातर जानकारी अनुसंधान परीक्षण के आधार पर तैयार की जाती है। लेकिन हमें जरूरत है कि हम नई तकनीकों का विकास एवं परीक्षण किसान

भाइयों के खेतों पर साथ मिलकर करें। उत्तर–पश्चिमी भारत में गेहूं की संरक्षित खेती की सफलता का मुख्य कारण यह है कि वहां फसल अवशेषों, विशेषकर धान का पशुधन के उपयोग नहीं किया जाता है। परंतु गंगा के मैदानों के पूर्वी क्षेत्र व राजस्थान में फसल अवशेषों का उपयोग खासकर धान, सोयाबीन, उड़द के अवशेषों का पशुधन के लिये किया जाता है, जिसके कारण इन क्षेत्रों में संरक्षित खेती का अंगीकरण बड़े पैमाने पर अभी तक नहीं हुआ है। इसलिये ऐसे स्थानों के लिये पशुधन व संरक्षित खेती दोनों की फसल अवशेष मांग के अनुसार रणनीति बनाने की आवश्यकता है ताकि इन क्षेत्रों में संरक्षित खेती का अंगीकरण बढ़े। संरक्षित खेती के प्रारम्भिक वर्षों में खरपतवार व पोषक तत्व प्रबंधन एक मुख्य समस्या है। अतः इस दिशा में अनुसंधान कार्य करने की आवश्यकता है। खरपतवार प्रबंधन के लिये मृदा में उपस्थित खरपतवार बीज संचयन का अध्ययन आवश्यक है। संरक्षित खेती के लिये ऐसे फसल चक्र व फसल विविधीकरण को पहचानने की आवश्यकता है, जो स्थानीय परिस्थितियों के अनुकूल हों व आर्थिक रूप से लाभकारी हों।

वैश्विक स्तर पर संरक्षित खेती का 95 प्रतिशत क्षेत्र वर्षा आधारित खेती अर्थात बारानी खेती के अंतर्गत आता है। हमारे देश में संरक्षित खेती का सर्वाधिक क्षेत्र सिंचित खेती के अंतर्गत आता है। विभिन्न पारिस्थितिक क्षेत्रों में एक व्यापक सर्वेक्षण कराने की आवश्यकता है जिससे पता लगाया जा सके कि संरक्षित खेती के अंगीकरण को कौन–कौन से कारक प्रभावित करते हैं। उसके अनुसार उपयुक्त रणनीति बनाकर कैसे उन समस्याओं को हल किया जा सकता है, जिससे पूरे देश में संरक्षित खेती के अंगीकरण को बढ़ावा मिले। राजस्थान के हाड़ौती क्षेत्र में भी संरक्षित खेती को अपनाने में आने वाली समस्याओं का व्यापक सर्वेक्षण कर अनुसंधान कार्य करने की आवश्यकता है। अतः इस दिशा में कृषि अनुसंधान केन्द्र, उम्मेदगंज, कोटा पर महर्षि पाराशर कृषि शोधपीठ के तहत अनुसंधान कार्य प्रगति पर है।

हाड़ौती क्षेत्र में संरक्षित खेतीः कृषि अनुसंधान केन्द्र द्वारा सफल शुरुआत

राजस्थान के उम्मेदगंज, कोटा में स्थित कृषि अनुसंधान केन्द्र द्वारा संरक्षित खेती पर उच्चकोटि का अनुसंधान व प्रसार कार्य किया जा रहा है। इस केन्द्र के अनुसंधान प्रक्षेत्र पर संरक्षित खेती की शुरुआत वर्ष 2017–18 के खरीफ मौसम में 01 हैक्टेयर भूमि में की गई है। हाड़ौती में वर्तमान में फसल अवशेषों को जलाने की परंपरा है व किसान भाइयों के मन में यह धारणा बन गई है कि बिना खेत की जुताई किये बिना खेती करना संभव नहीं है, क्योंकि उन्होंने परंपरागत रूप से यही सीखा है। वे सोचते हैं कि फसल अवशेष को बिना जलाये और बिना खेत की जुताई के खेती करना संभव नहीं है, बस यह एक तरह का पागलपन है, जो कि असंभव है। केन्द्र ने इसी को ध्यान में रखते हुऐ केन्द्र के अनुसंधान प्रक्षेत्र पर संरक्षित खेती तकनीकी का प्रदर्शन किया गया शुरुआत में इस तकनीकी से फसल कमजोर नजर आई, किन्तु जब फसल एक माह की हुई तो फसल अच्छी व

सामान्य दिखाई देने लगी तथा किसानों व वैज्ञानिकों का ध्यान इस ओर आकर्षित हुआ व परंपरागत विधि की तुलना में संरक्षित खेती से अच्छी उपज मिली, साथ में भ्रमण में आए किसान भी इस तकनीकी को अपनाने के लिए प्रेरित हुए। आकर्षण का मुख्य कारण था कि इस संरक्षित खेती तकनीक से खेती करने से खेत की 3–4 बार जुताई की आवश्यकता नहीं होती जिससे किसानों को सीधे तौर पर कम से कम दो से तीन हजार रुपये/हैक्टेयर की बचत होने के बारे में जानकारी मिली। गेहूँ की बुआई समय पर हुई। अब केन्द्र पर गेहूँ के अलावा खरीफ के मौसम में धान, सोयाबीन, उड़द तथा रबी के मौसम में चना, सरसों आदि की भी खेती संरक्षित विधि द्वारा अपनायी जा रही है। केन्द्र पर इस तकनीकी को अपनाने का लाभ यह हुआ कि अब खरीफ व रबी के मौसम में फसल लेने के उपरान्त जायद के मौसम में भी मूंग की खेती की जा रही है तथा जायद में हरी खाद वाली फसल ली गई है। केन्द्र के प्रयासों से संरक्षित खेती केन्द्र के आसपास के क्षेत्रों में फैलने की संभावना है।

संरक्षित खेती को अपनाने में समस्याएं			
तकनीकी	प्रसार	आर्थिक	सामाजिक
• उच्च गुणवत्ता वाले संरक्षित कृषि यंत्रों की अनुपलब्धता • संरक्षित कृषि यंत्रों की नियमित जांच, परीक्षण व उचित रख–रखाव में कमी • किसानों, प्रसार अधिकारियों व कृषि वैज्ञानिकों को संरक्षित कृषि यंत्रों के बारे में तकनीकी ज्ञान व प्रशिक्षण का अभाव	• संरक्षित कृषि के प्रसार में राज्य कृषि विभाग की उदासीनता • प्रसार सामग्रियों की कमी • प्रसार संस्थाओं को संरक्षित खेती के बारे में तकनीकी ज्ञान का अभाव • किसान भाइयों के सहयोग में कमी • कुशल अधिकारियों का अभाव	• संरक्षित कृषि यंत्रों की अधिक कीमत • किसानों के लिये आसान ऋण सुविधाओं की कमी • छोटे व सीमांत किसानों की आर्थिक स्थिति अच्छी न होना	• किसान की अधिक जुताई से अधिक उपज वाली मानसिकता • संरक्षित कृषि की सामाजिक स्वीकृति में कठिनाई

सघन जुताई आधारित ऐसी खेती, जिसमें फसलों के अवशेषों को जलाया जाए, एक ही तरह की फसलें बार–बार उगाई जाएं, दलहनी व तिलहनी फसलों का कोई समावेश न हो एवं रासायनिक खादों का अंधाधुंध प्रयोग किया जा रहा हो, को खाद्य सुरक्षा व किसानों की जीविका के लिये ज्यादा लाभकारी नहीं कहा जा सकता है। इस कारण वर्तमान सघन रासायनिक व ट्रैक्टर–आधारित परंपरागत खेती में फसल उत्पादन एवं प्रबंधन के संदर्भ में विचार करने की आवश्यकता व एक समग्र रणनीति बनाने की जरूरत है। इसके अंतर्गत निम्न बिन्दुओं पर ध्यान देने की आवश्यकता हैः कम जोखिम व लागत के साथ अधिक खाद्य उत्पादन, संसाधन (भूमि, श्रम, जल, पोषक तत्व व रसायन) उपयोग दक्षता बढ़ाना, प्राकृतिक संसाधनों की गुणवत्ता में सुधार, कृषि से उत्पन्न होने वाली ग्रीन हाउस गैसों के उत्सर्जन को कम करना व मौसम के अनुकूल कृषि को अधिक से अधिक लचीला बनाना है।

लेंजर लेवलर द्वारा भूमि समतलीकरण

संरक्षित खेती से गेंहूँ फसल

शून्य जुताई द्वारा गेहूँ की बुवाई

❒❒❒

अध्याय 24

गौ उत्पाद से फसल सुरक्षा

सृष्टि का नियम है परिवर्तन, अतः कल जो हमारी आवश्यकता थी वह आज भी हो, ऐसा आवश्यक नहीं है, उसे आज बदलना होगा। आज की आवश्यकता है जैविक खेती या टिकाऊ खेती जिसके द्वारा कृषक अपनी फसल को रासायनिक उर्वरकों और विषैले कीटनाशकों के प्रयोग के बिना ही पैदा कर सकते हैं और भूमि की उर्वरा शक्ति भी अक्षुण्ण रख सकते हैं। रासायनिक उर्वरकों और कीटनाशकों का एक सरल और सस्ता विकल्प है गोमूत्र एवं गोबर। यूं तो पंचगव्य दूध, घी, दही, गोमूत्र, गोबर का पौध सुरक्षा में प्राचीन काल से ही प्रयोग होता आया है, जैसे बीज को दूध में भिगोकर बोना, पेड़ों का शल्य क्रिया करके घी का लेप लगाना आदि, लेकिन भौतिकवाद और आधुनिकता के नाम पर पाश्चात्य देशों का अंधानुकरण करने की हमारी नीति ने ही आज हमें इस दुखद मोड़ पर लाकर खड़ा कर दिया है।

सरकारी एवं गैर सरकारी संस्थाओं के माध्यम से कृषकों को समय–समय पर प्रशिक्षण दिया जाता है तथा किसान गोष्ठियों, प्रक्षेत्र दिवस तथा सलाहकारी सेवाओं के द्वारा उनकी सोच बदलने का लगातार प्रयास किया जा रहा है जिससे वे रासायनिक कीटनाशियों के दुष्परिणामों को समझ कर जागरूक हों तथा कीटनाशी के रूप में अन्य सस्ते विकल्पों को प्रयोग करें और खेती में आने वाली लागत को भी कम कर सकें। गोमूत्र से निर्मित निम्नलिखित रसायनों का प्रयोग किसान सफलतापूर्वक कर रहे हैं:

1. **गोमूत्र का छिड़कावः** दुधारू गाय के गोमूत्र का 2–5 प्रतिशत घोल प्रति सप्ताह फसल पर छिड़कने से फसलों का पीलापन दूर होता है और कीड़ें नहीं लगते है। टमाटर, बैंगन, मिर्च, गोभी, कद्‌दू कुल की सब्जियों पर इसका छिड़काव विशेष प्रभावी पाया गया है।
2. **गोमूत्र से बीज/जड़ शोधन/उपचारः** गोमूत्र में 3–4 घंटे बीज भिगोकर तथा छाया में हल्का सुखा कर बोने से बीज जनित रोगों से बचाव होता है। मेंथा की जड़ (सकर्स) को बोने से पूर्व दस प्रतिशत गोमूत्र के घोल में कम से कम एक घंटा तथा ज्यादा से ज्यादा आठ घंटा भिगो दें, फिर उसको निकाल कर छाया में हल्का सुखा दें और बुवाई करें। इससे जड़ सड़न रोग का प्रकोप नहीं होता है और जमाव का प्रतिशत भी बढ़ जाता है।

3. **मटका खादः** मटका खाद 21 दिन में तैयार हो जाती है यह खाद बेहतरीन कीटनाशी काम करती है। इसका प्रयोग किसानों द्वारा बहुतायत में किया जा रहा है। एक एकड़ खेत के लिए निम्नलिखित सामग्री की आवश्यकता होती हैः

सूत्र–1

दुधारू गाय का गोमूत्र	15 लीटर
दुधारू गाय का गोबर	10 लीटर
गुड़	500 ग्राम
नीम, सरसों या अलसी की खली	2 किलो
कड़वी नीम की पत्ती	5 किलो
बेसरमा की पत्ती	5 किलो
अंड़े का छिलका (ऐच्छिक)	250 ग्राम
एक घड़ा/ढक्कनदार बर्तन, साफ पानी	5 लीटर

विधिः उपरोक्त सभी सामान बर्तन में डालकर हाथ से अच्छी तरह मिलाकर घोल बनाएं। बर्तन को ढंक कर छाया में 21 दिन के लिए रख दें। 21 दिन बाद इसमें से तीक्ष्ण गंध आने लगती है। इसको छानकर 1 लीटर खाद 5 लीटर पानी में मिलाकर फसल पर छिड़काव 10 दिन के अंतराल पर करें। इसका प्रयोग सब्जियों में पत्ते पीले पड़ने, पत्तियों तथा जड़ों में कीड़े लगने पर किया गया और अत्यधिक लाभकारी पाया गया। कृषको ने मुख्यतया, इसका प्रयोग धान, दलहनी फसलों, सब्जियों, जैसे– बैंगन, टमाटर, मिर्च, भिण्डी, पत्तागोभी, आलू आदि, तिलहन तथा मेंथा पर किया और लाभान्वित हुए। इसका उत्पादन किसान स्वयं एवं स्वयं सहायता समूह, द्वारा किया जा रहा है और कृषकों को इसे बनाने तथा प्रयोग करने के लिए सरकारी एवं गैर सरकारी संस्थाओं द्वारा प्रोत्साहित किया जा रहा है।

सूत्र–2

दुधारू गाय का गोमूत्र	21 लिटर
कड़वी नीम की पत्ती	5 किलो
मदार की पत्ती	2 किलो
धतूरा की पत्ती या फल	2 किलो
लहसुन	1 किलो
मिर्च का पेड़, पत्ती, फल	2–3 किलो
तम्बाकू	250 ग्राम

विधिः उपरोक्त सभी सामान को मिलाकर प्लास्टिक के बर्तन में ढंक कर धूप में 40 दिन के लिए रख दें। उसके बाद इसे छानकर प्रयोग करें। 1 लीटर रसायन में 25 लीटर पानी मिलाकर 10–15 दिन के अंतर पर गोमूत्र से अदल–बदल कर छिड़काव करें। इस घोल से तीक्ष्ण गंघ आने लगती है। परीक्षणों से देख गया है कि कीड़ों के नियंत्रण के साथ ही साथ नील गाय भी खेत से दूर रहती है। इस कीटनाशी को बनाने और किसानों को उपलब्ध कराने में कई संस्थाओं का योगदान सराहनीय है। इसका प्रयोग सर्वप्रथम विकास खण्ड हैदरगढ़ तथा रिवेदीगंज में कृषकों के खेत पर तिलहन, दलहनों तथा सब्जियों में किया गया और इसके अच्छे परिणामों के कारण सभी विकास खण्डों में इसको बनाने तथा प्रयोग करने के लिए कृषकों को प्रोत्साहित किया जा रहा है। गो पालकों की संख्या कम होने के कारण गोमूत्र रुपये 5 प्रति लीटर बिक रहा है तथा गौमूत्र से निर्मित कीटनाशी रसायन भी कृषकों के लिए अतिरिक्त आय का स्त्रोत बन गये हैं।

4. **नीम पत्ती का घोलः**

आवश्यक सामग्रीः

कड़वे नीम की पत्ती	15 किलो
दुधारू गाय का गोमूत्र	5 लीटर
दुधारू गाय का गोबर	5 किलो
पानी	100 लीटर

विधिः सभी सामग्री को एक बर्तन में डालकर धूप में ढंकर एक सप्ताह तक रखें। प्रतिदिन 2–3 बार हिलाएं जब पानी में हरापन आ जाए तब इसको छानकर 10 प्रतिशत घोल बनाकर फसल पर 7–10 दिन के अंतराल पर छिड़काव करें। फसल में कीड़े नहीं लगते हैं।

5. **कीट नियंत्रण में मट्ठे (छाछ) का प्रयोगः** महान कूटनीतिज्ञ चाणक्य द्वारा मट्ठे से कुश को समाप्त करने की कथा से सभी परिचित हैं। इसी मट्ठे के प्रयोग द्वारा हेलियोथिस इल्ली हरी इल्ली जो खूब मोटी हो गई हो, तथा जिस पर किसी कीटनाशी का असर नहीं होता है,नियंत्रित किया जा सकता है। 40 दिन पुराना मट्ठा जो खूब खट्टा हो गया हो, उसका 5 प्रतिशत घोल बनाकर छिड़काव करने से नियंत्रण हो जाता है, 10–15 दिन बाद दुबारा छिड़काव करें। इसका प्रयोग कृषकों ने मैन्था में भी जड़ों की बीविल की रोकथाम मे किया है और लाभान्वित हुए हैं। उकठा प्रभावित खेत में बुआई से पहले बीज को मट्ठे में 3–4 घंटे भिगोकर छाया में सुखाकर बोने से लाभ मिलता है। गाय के दूध में 4–5 घंटे भिगोकर बीज बोने से उसमें रतुआ रोग के लिए प्रतिरोधकता आती है। गौमूत्र से बने सभी उत्पादों तथा मट्ठे का प्रयोग सायंकाल करना उचित रहता है जब धूप कम हो, क्योंकि

धूप में कीड़े,या तो भूमि में छिप जाते हैं या पत्तियों की निचली सतह पर रहते हैं, जिससे वे रसायन के संपर्क में आने से बच जाते हैं। उपरोक्त रसायनों को बनाकर छिड़काव करने से हम अपनी फसल को कीट व व्याधियों से सुरक्षित रखने के साथ ही साथ पर्यावरण को भी स्वच्छ रख सकते हैं और गौ पालन के प्रति हृदयहीन हो गए समाज में उसके लिए फिर से नव चेतना पैदा कर सकते हैं।

6. **जैविक खादों का प्रयोगः** कृषक सामान्यतः तैयार गोबर की खाद अथवा कम्पोस्ट को गड्ढे से निकालकर खेत के कोने अथवा बीच में छोटी–छोटी ढ़ेरियों में छोड़ देते हैं। जहां यह प्रायः कई सप्ताह तक ऐसी ही पड़ी रहती है। ऐसी दशा में तेज धूप एवं वर्षा के द्वारा खाद के पोषक तत्वों विशेषतः नत्रजन की क्षति हो जाती है। अतः खाद का पूरा लाभ प्राप्त करने हेतु गड्ढे से निकालकर उसे तत्काल खेत में फैलाकर जुताई कर देनी चाहिए। वर्मीकम्पोस्ट तथा हरी खाद अन्य जैविक खादें हैं जिन्हें कृषक अपने स्तर पर तैयार करके मृदा उर्वरता एवं उत्पादकता बढ़ा सकता है। इनका प्रयोग क्षेत्रीय सिफारिश अनुसार बोई गई फसलों में करना चाहिए। काम मे ली गई जैविक खादों में उपस्थिति, पोषक तत्वों का औसत अनुमानित के आधार पर इन खादों की मात्रा फसलों में काम में लेनी चाहिए।

गौ–मूत्र संग्रह

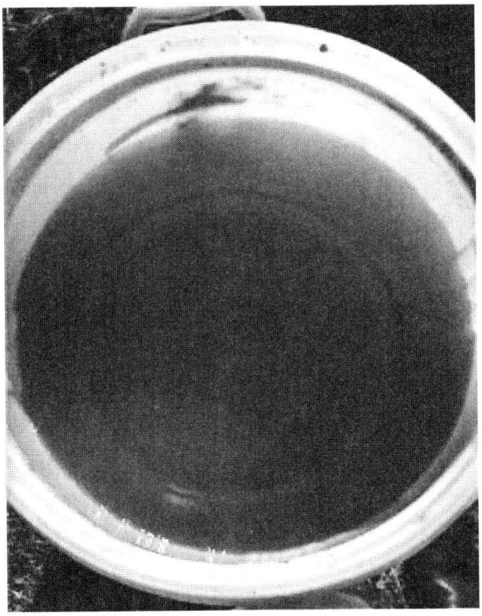

गौ–मूत्र

देशी गाय का गौमूत्र

□□□

अध्याय 25

योग से खेती

जैविक व रासायनिक खाद से तो वर्षों से खेती की जा रही है, लेकिन अब वह दिन दूर नहीं जब यौगिक क्रियाओं से फसलें लहलहाती नजर आएंगी और भोजन की थाली में योग के प्रभाव से उपजी सब्जी व अनाज की रोटी होगी। धार्मिक एवं आध्यात्मिक कई संस्था, जैसे प्रजापिता ब्रह्माकुमारी ईश्वरीय विश्वविद्यालय इस क्षेत्र में कार्य कर रही है। संस्था से जुड़े कई किसानों ने यौगिक खेती करना शुरू भी कर दिया है और इसके अच्छे परिणाम आ रहे हैं। गुजरात, महाराष्ट्र, पंजाब व राजस्थान के जालोर, सांचोर व भीलवाड़ा समेत देशभर के करीब 500 किसान यौगिक क्रिया से खेती कर रहे हैं।

क्या है यौगिक खेती? यह शुद्ध संकल्पों का प्रकृति पर पड़ने वाला प्रभाव है। पहले किसान को राजयोग का महत्व बताकर उसे योग सिखाया जाता है किसान शुद्ध व सात्विकतापूर्वक श्रेष्ठ संकल्प से फसल को योग के वाइब्रेशन देता है। फसल आने तक यह प्रक्रिया कम से कम एक घंटे की जाती है।

गुजरात के दातीवाडा विश्वविद्यालय में यौगिक खेती पर अनुसंधान चल रहा है। इससे मूंगफली की फसल तैयार हो चुकी है। अब गेहूँ की फसल तैयार की जा रही है। प्रजापिता ब्रह्माकुमारी ईश्वरीय विश्वविद्यालय की विंग राजयोग एजूकेशन एण्ड रिसर्च फाउण्डेशन, आबू के ग्राम विकास प्रभार के समन्वयक राजू भाई ने बताया कि प्रयोग के तौर पर एक हैक्टेयर खेती को तीन भागों में बांटकर एक में जैविक, एक में रासायनिक और तीसरे भाग में यौगिक खेती की गई है। उन्होंने बताया कि इसके अलावा गुजरात की ही आनन्द, नवसारी व जूनागढ़ व उत्तराखण्ड का गोविन्द बल्लभ पंत विश्वविद्यालय भी इसमें रुचि ले रहे है। ऐसी खेती के सार्थक परिणाम अनुसंधानों से मिल रहे हैं।

कैसे हुआ सम्भव?: इचलकरणजी, कोल्हापुर महाराष्ट्र की ब्रह्माकुमारी ने सबसे पहले फसलों पर योग का प्रभाव देखा। बाद में इसके लिए प्रजापिता ब्रह्माकुमारी ईश्वरीय विश्वविद्यालय की विंग राजयोग एजूकेशन एण्ड रिसर्च फाउण्डेशन ने 2008 में प्रोजेक्ट तैयार किया और संस्था से जुड़े किसानों को राजयोग सिखाया।

यह है योजना: संस्था से जुड़े अधिकाधिक किसानों को प्रशिक्षित किया गया। अनुसंधान की रिपोर्ट आने पर अन्य किसानों को भी यौगिक खेती करने के लिए प्रेरित किया। इसके लिए गांवों के सरपंचों को भी प्रोजेक्ट की जानकारी दी गई।

प्रदर्शनी द्वारा जानकारीः वर्तमान में योग से खेती की जानकारी ज्यादा से ज्यादा किसानों को प्रदर्शनी द्वारा दी जा रही है। बुद्धिजीवी के अनुसार संगीत अध्यात्म और शुद्ध व सात्विक वातावरण का हर चीज पर सकारात्मक प्रभाव पड़ता है। खेती भी इससे अछूती नही है। इस तरह की खेती के लिए किसान की वैचारिक शुद्धता पर जोर दिया जाता है।

❑❑❑

अध्याय 26

महर्षि पराशर कृषि

कृषि पराशर (400 ईस्वी पूर्व): मुनि ने मृदा प्रबंधन, बीज स्वास्थ्य और फार्म से संबंधित अन्य कार्य, जैसे– जल संग्रह व संरक्षण, पशुधन प्रबंधन, औजार रख–रखाव आदि को सम्मिलित करते हुए इनके प्रबंधन पर विशेष जोर दिया गया। कृषि पराशर में कृषि पर ग्रह नक्षत्रों का प्रभाव, मेघ और उसकी जातियाँ, वर्षामाप, वर्षा का अनुमान विभिन्न समय की वर्षा का प्रभाव, कृषि की देखभाल, बैलों की सुरक्षा, गोपर्व, गोबर की खाद, हल जुताई, बैलों के चुनाव, कटाई के समय, रोपण, धान्य संग्रह आदि विषयों पर विचार प्रस्तुत किए गए हैं।

प्राचीन काल से ही पशु–पक्षियों के क्रियाकलापों को देखकर लोग बारिश का अनुमान लगाते रहे हैं। पशु–पक्षी केवल निरीह प्राणी ही नहीं होते, वे कुछ ऐसे संकेत भी देते हैं, जिससे आने वाले मौसम का आभास होता है। प्रकृति का अभिन्न अंग होने के नाते वे इतने सवंदेनशील होते हैं कि प्रकृति में जब भी कुछ बदलाव आता है अथवा कुछ घटित होने वाला होता है तो वे भी प्रभावित होते हैं और अपने विशिष्ट आचरण से एक भविष्यवक्ता के रूप में इसकी सूचना दे देते हैं।

मनुष्य, पशु–पक्षी एवं कीट–पतंगों की क्रियाओं से वर्षा की सम्भावना से घनिष्ठ सम्बन्ध हैं। वायुमंडल, आकाश, विद्युत, इन्द्रधनुष, आंधी आदि के आधार पर भी वर्षा का पूर्वानुमान लगाया जाता है। पशु–पक्षियों के इसी विशिष्ट आचरणों से वर्षा सम्बन्धी सूचनाएं भी हमें अनेक राजस्थानी कहावतों के माध्यम से मिलती है। चूंकि कहावतों में युगों–युगों का अनुभव और उस अनुभव के आधार पर युगीन सत्य का निरूपण होता है, इसलिए सामान्यतया कहावतों के माध्यम से कही गई बातें भी प्रमाणित होती हैं, और जीवन में काफी खरी उतरती हैं।

प्रकृति का सूक्ष्म निरीक्षण करने वाले व्यक्ति भलीभाँति जानते हैं कि वर्षा आगमन की पूर्व सूचना प्रकृति के विभिन्न उपकरण पहले से ही देने लग जाते हैं। यद्यपि वर्षा होने से पहले आकाश निरभ्र होता है और धरती सूरज के प्रखर तेज से तप रही होती है, किन्तु वातावरण में कुछ ऐसा परिवर्तन होता है कि पशु–पक्षी वायु का प्रवाह और वर्षा आगमन की सूचना देने लगते हैं। उदाहरण के लिये, यदि पपीहा पिउ–पिउ करने लगे और मोर बार–बार बोलने लगे तथा पंखों का छत्र बनाए तो वर्षा इतनी ज्यादा होगी कि नदियां व नाले बहने लगेंगे।

सृष्टि पंच तत्वों से बनी है, अतः इनका प्रभाव भौतिक शरीर पर पड़ता है। इन प्रभावों को ही कहावतों में संजोया गया है। रामनरेश त्रिपाठी के शब्दों में गाँव वालों ने हजारों वर्षों से वर्षा सम्बन्धी सम्भावनाओं के अनुभव कहावतों की छोटी–छोटी डिब्बियों में भर रखे हैं जो गले में लटकती मिलेगी। उनके अनुभव सच्चे एवं लाभदायक हैं। इन कहावतों से इस प्रान्त के किसानों तथा निवासियों के केवल अनुभवों का ही ज्ञान हमें नहीं होता, बल्कि ऋतु सम्बन्धी उनके विश्वासों तथा शकुन संबंधी उनकी मनोरंजक धारणाओं का भी हमें परिचय मिलता है और आश्चर्य तो तब होता है जब कभी–कभी मौसम वेधशालाओं द्वारा दी गई सूचनाएं मिथ्या और कहावतों द्वारा दी गई सूचनाएं सही सिद्ध होती हैं।

इस तरह से राजस्थानी कहावतों में वर्षा विज्ञान की विषद् विवेचना की गई है। इनमें से कितने ही तथ्य परीक्षण में खरे उतरे हैं। मौसम विज्ञान के साधनों के अभाव में भी हमारे पूर्वजों का यह प्रयास सराहनीय है।

धान्य/दालें कृषि का क्रमबद्ध विवरण (कार्य प्रणाली): कश्यप ने हिदायत दी है कि–

- **भूमि का विभाजन व पूजनः** पहाड़ों, समुद्रों, नदियों, जंगलों और उपजाऊ क्षेत्रों तथा कृषि के लिए उपयुक्त क्षेत्रों में विभाजन किया जाता है।
- **पानी जलाशयों का निर्माणः** हौज (कुण्ड), जलाशय, पानी की टंकियों का स्थापित करना। तमाम प्रयासों द्वारा पानी को संरक्षित करना चाहिए, क्योंकि कृषि पूरी तरह पानी पर निर्भर होती है।
- **नहरों, कुओं आदि का निर्माणः**
- **श्रेष्ठ किसानों और ग्रामीण अधिकारियों के लक्षणः** गांववासी या गांववाले जो कि कृषि धन्धों में व्यस्त हैं, उनको आपसी हित में कोशिश करनी है। वे गाय, पृथ्वी और देवताओं के भक्त हो। भाषण में बिल्कुल सच्चे हो, उद्‌देश्य साफ हो और सदैव दिमाग में प्रतिस्पर्धा हो।
- ऋषि भार्गव ने सलाह दी थी कि पक्षियों को देखो! **उनकी हमेशा एक आवाज ओर एक राय होती है।**
- औजारों, उपकरणों एवं अन्य साधनों का प्रबंध
- हल पूजा
- बैलों की पूजा।
- बीजों का प्रबंधन में शुद्ध संकल्प।
- खेती का मौसम तथा चावल और दालों के लिए भूमि का निर्धारण।

- बीजों की बुवाई के लिए जुताईः बैलों द्वारा भूमि की जुताई, कुदाली द्वारा समतल करना। बीजों की बुवाई के लिए खुदाई की सलाह दी है।
- सभी जाति के लोगों को स्वतंत्र रूप से कृषिकार्य करने के लिए प्रोत्साहित करना।
- खाद के लिए कार्बनिक अपशिष्टों का कुशल प्रबंध।
- कश्यप ने पारम्परिक ज्ञान के प्रति सम्मान पर जोर दिया।
- क्षेत्र से संबंधित पारम्परिक प्रथाओं का सम्मान और अनुसरण किया जाना चाहिए।
- **खेती के लिए श्रेष्ठ मौसमः** जब सूर्य तुला राशि में होता है तो वो समय खेती के लिए श्रेष्ठ होता है। जब उत्तरी हवा चल रही तो उस समय बीजों की बुवाई नहीं करना चाहिए। यदि बुवाई कर दी जाती है तो इन बीजों से अच्छा फसल उत्पादन नहीं होगा।

पराशर कृषि : या तो सुबह के समय या सायं के समय (वातावरण के शुद्धिकरण के प्रयोजन के लिए) भूमि पर गाय उत्पादों से निर्मित पंचगव्य (दूध, दही, घी, मूत्र और गोबर) का छिड़काव करना चाहिए या वेदों में प्रवीण ब्राह्मणों द्वारा सादगी से भूमि को साफ पानी से धुलवाना चाहिए।

- शुभ दिन और समय पर उत्तम हल द्वारा सर्वप्रथम शुभ पूर्वोत्तर कोने से खेत को जोता जाना चाहिए।
- खेत को पश्चिम दिशा की ओर से या दुर्लभ मामलों में दक्षिण–पूर्व की ओर से भी जोता जा सकता है।
- कृषि विशेषज्ञ द्वारा विशेष रूप से अपने खेत में बैलों द्वारा खींचे जाने वाले हल से पहली जुताई की जानी चाहिए।
- छः दिनों के बीच इस प्रकार यथासमय में 4–5 बार खेत को जोतना चाहिए।
- मिट्टी और लकड़ी के टुकड़े आदि की गांठों को बाहर फेंक देना चाहिए और, गोबर, बकरी गोबर, कम्पोस्ट खाद आदि को भूमि की शक्ति बढ़ाने के लिए फैला देना चाहिए।
- जुताई से पूर्व किसानों को हल तथा अन्य (उपकरणों) विशेष रूप से बैल और (अन्य मवेशी) की पूजा करते समय चिन्हों की जानकारी का ज्ञान होना चाहिए।
- पैदावार के उत्तम परिणाम के लिए शुद्ध पानी, चंदन लेई आदि, धूप, दीपक भेंट आदि से खेत या भूमि की पूजा करनी चाहिए।
- (एक देवी से इस प्रकार प्रार्थना करनी चाहिए)। हे देवी पृथ्वी! मैं आपको प्रणाम करता हूं! हे सर्वस्व चिरस्थायी पृथ्वी, अब मैं क्रियाकलाप प्रारम्भ कर रहा हूं। हे (देवी से) उत्तम संकल्प, प्रसन्न हो (हमारे साथ)। जो भी जुताई हो, मार (फेंटाई)

जो मैं आपके साथ करूंगा, हे देवी, मुझे माफ करना और मुझे (स्वामी) बड़ी सफलता प्रदान करना। वे कहते हैं कि आप सभी जीवित प्राणियों की मां हैं, इसलिए हे देवी पृथ्वी, हमें इस खेत पर अथाह पैदावार देना।

कृषि क्षेत्र में पराशर का योगदान

कृषि पराशर में कृषि पर ग्रह नक्षत्रों का प्रभाव, मेघ और उसकी जातियाँ, वर्षामाप, वर्षा का अनुमान विभिन्न समयों की वर्षा का प्रभाव, कृषि की देखभाल, बैलों की सुरक्षा, गोपर्व, गोबर की खाद, हल जोताई बैलों के चुनाव, कटाई के समय, रोपण, धान्य संग्रह आदि विषयों पर विचार प्रस्तुत किए गए हैं।

ग्रंथ के अध्ययन से पता चलता है कि पराशर के मन में कृषि के लिए अपूर्व सम्मान था। किसान कैसा होना चाहिए? पशुओं को कैसे रखना चाहिए? गोबर की खाद कैसे तैयार करनी चाहिए और खेतों में खाद देने से क्या लाभ होता है? बीजों को कब और कैसे सुरक्षित रखना चाहिए? इत्यादि विषयों का सविस्तार वर्णन इस ग्रंथ में मिलता है।

हलों के संबंध में दिया हुआ है कि ईशा, जुवा, हलस्थाणु, निर्योल (फार), पाषिका, अड्डचल्ल, शहल तथा पंचनी ये हल के आठ अंग हैं। पाँच हाथ की हरीस, ढ़ाई हाथ का हलस्थाणु (कुढ़), डेढ़ हाथ का फार और कान के सदृश जुवा होना चाहिए। जुवा चार हाथ का होना चाहिए। इस ग्रंथ से पता लगता है कि पराशर के काल में कृषि अत्यंत पुष्ट कर्म थी।

Some Slogens Given By Maharshi Parashar

"Farms yield gold if properly managed but lead to poverty, if neglected."

"Parashara stressed soil management, seed health, and overall farm management that included waterharvest and conservation, animal management, and maintenance of implements."

"The bullocks of the farmer who keep the cowshed strong, clean and free of cow dung grow well even without special nourishment."

"Crops grown without manure will not give yield."

"Any implement which is not sufficiently strong or is not manufactured as per (the above –said) measurements will, at the time of farming opertions, obstruct the work at every step."

"Uniform seeds produce excellent results. Hence, every effort should be made to procure uniform seeds."

"The origin of plentiful yield is the seed."

कृषि अनुसंधान केन्द्र, उम्मेदगंज, कोटा पर विभिन्न प्रकार की खेती की शुरुआतः राजस्थान के हाड़ौती क्षेत्र में स्थित ए.आर.एस., कोटा द्वारा पराशर कृषि, संरक्षित, जैविक एवं यौगिक खेती पर उच्चकोटि का अनुसंधान कार्य किया जाना प्रस्ताव्ति हैं। केन्द्र द्वारा अनुसंधान प्रक्षेत्र पर उक्त खेती की शुरुआत वर्ष 2017 के खरीफ मौसम से 2 हैक्टेयर भूमि में 4–4 बराबर भागों में बाँटकर की जा रही हैं। हाड़ौती क्षेत्र की खरीफ के मौसम की मुख्य फसल सोयाबीन व उड़द तथा रबी के मौसम में सरसों, चना व गेहूँ आदि पर इस प्रकार की खेती का अनुसंधान चल रहा है।

❑❑❑

अध्याय 27

पारंपरिक ज्ञान द्वारा वर्षा का पूर्वानुमान

कृषि उत्पादन के विभिन्न कारकों में से केवल मौसम ही एक ऐसा कारक है जिस पर मानव का कोई नियंत्रण नहीं है, इसलिए कृषि की सफलता व विफलता पर इसका अत्यधिक प्रभाव पड़ता है। यह एक स्वीकृत तथ्य है कि उत्पादन में मौसम एक अभिन्न अंग है एवं मौसम की विभिन्नताएं कृषि उत्पादन को 60 प्रतिशत से भी अधिक प्रभावित करती हैं। मौसम की अनियमितता के कारण खाद्य उत्पादन में हानि का जोखिम कम करने के लिए मौसम पूर्वानुमान को एक महत्वपूर्ण घटक के रूप में कृषि योजना में लिया जाना चाहिए जिससे फसल के नुकसान को कुछ हद तक कम किया जा सके। मौसम के विभिन्न तत्वों में वर्षा एक महत्वपूर्ण तत्व है। वर्तमान समय में मौसम के पूर्वानुमान एवं उनके प्रसार के लिए अनेक विकसित तकनीक उपलबध हैं, किन्तु पहले के समय में व वर्तमान में कई पिछड़े गांवों में किसान वर्षा का पूर्वानुमान अपनी सांस्कृतिक, प्राकृतिक और सामाजिक परिघटनाओं के आधार पर करता है।

लेखक द्वारा वर्षा के पूर्वानुमानों से सम्बन्धित कहावतों का संकलन प्रो. ओ.पी. गिल एवं डॉ. सुरेन्द्र सिंह द्वारा तैयार बुलेटिन, विभिन्न पत्र–पत्रिकाओं एवं गॉवों में बुजुर्गो से बातचीत के आधार पर किया गया है। पक्षियों, कीट–पतंगों की चेष्टाओं, हवा का प्रभाव, पेड़–पौधों के लक्षण, जानवरों के आचरण, बादलों की प्रकृति, आकाश का स्वरूप, मनुष्य शरीर की क्रियायें तथा महीनों का प्रभाव से सम्बन्धित राजस्थानी कहावतों का विस्तार से इस संकलन में विवेचन किया गया है।

प्रचलित कहावतें निम्नलिखित हैं:

- **सूर्य और चन्द्रमा के आसपास उपस्थित वर्णक्रम के आधार पर:** इसमें लोग सूर्य व चन्द्रमा के आसपास वलय के आधार पर पूर्वानुमान लगाते हैं, अगर सूर्य के आसपास वलय का व्यास चन्द्रमा के वलय से अधिक है तो एक या दो दिन में वर्षा की संभावना रहती है। प्रकाश के अपवर्तन, विवर्तन व परावर्तन के करण सूर्य व चन्द्रमा के चारों ओर वलय बन जाता है। सूर्य अथवा चन्द्रमा से वलय की दूरी के आधार पर इन्हें "हैलो" अथवा "केरोना" कहा जाता है। अगर वलय की दूरी अधिक है तो इसे "हैलो" घटना कहते हैं जो बादलों की पतली परत के कारण होता है।

जिन्हें बिना वर्षा वाले बादल कहा जाता है। अतः वर्षा की सम्भावना नहीं है। अगर वलय की दूरी कम है तो इसे केरोना घटना कहा जाता है जो घने बादलों द्वारा उत्पन्न होती है। इससे वर्षा की सम्भावना होती है। इस विधि में मौसम पूर्वानुमान के सही होने की 50 प्रतिशत सम्भावना रहती है।

- **बादलों व हवा के आधार परः** यदि दक्षिण–पूर्वी दिशा में बादलों का एक परत के रूप में जमाव हो व दक्षिण दिशा से हवा का बहाव हो तो ऐसा अनुमान लगाया जाता है कि एक या दो दिन में वर्षा की सम्भावना है।
- **ऊंटः** यदि इसके पैरों के निचले हिस्से पर सूजन आती है तो किसानों द्वारा वर्षा की भविष्यवाणी की जाती है, क्योंकि पैरों के सूजने का कारण अधिक सापेक्षिक आर्द्रता मानी जाती है।
- **पक्षियों और अन्य जानवरों के माध्यम से मौसम की भविष्यवाणीः** गांवों में किसान विभिन्न पक्षियों व जानवरों की गतिविधि देखकर मौसम का पूर्वानुमान करते हैं।

कुछ देशी मान्यताएं निम्न हैंः

- यह मान्यता है कि गर्मी के दिनों में "नैलू" नामक पक्षी पानी के लिए रोता है तो वर्षा की सम्भावना होती है।
- वर्षाकाल में **"माटिलरी"** पक्षी अगर ऊंचाई में उड़ता है तो यह भारी वर्षा की सम्भावना को इंगित करता है।
- यदि **"मैना"** पानी में नहाती हुई दिखती है तो यह एक या दो दिन में वर्षा की सम्भावना को इंगित करता है।
- **गौरैया** का समूह यदि रेत में खेलता दिखाई दे तो उस दिन या अगले दिन वर्षा की सम्भावना है और यदि यह समूह पानी में खेलता दिखे तो यह माना जाता है कि अगले कुछ दिनों में मौसम सूखा रहेगा।
- यदि **जोंक** पानी की सतह पर स्थिर अवस्था में हो तो यह एक शुष्क मौसम की ओर इंगित करती है और यदि यह तेजी से पानी के बाहर अथवा विपरीत दिशा में चलते दिखे तो वर्षा की सम्भावना रहती है।
- **टिटहरी पक्षी** : यदि खेतों के उच्च भाग पर अण्डे देती है तो आने वाले बरसात के मौसम के दौरान भारी वर्षा की सम्भावना होती है। लेकिन अगर अण्डे खेत के निचले हिस्से पर देते हैं, तो कम वर्षा की सम्भावना होती है। यह पक्षी कभी अपना घोंसला नहीं बनाता, हमेशा खुले क्षेत्र में अण्डे देते हैं। इसके अलावा अगर टिटहरी एक अण्डा देती है तो वर्षाकाल के चार महीने में सिर्फ एक महीनें में ही वर्षा होगी, और

यदि दो अण्डे देती है तो दो महीनों में वर्षा तथा चार अण्डे देने पर चारों माह में वर्षा की सम्भावना रहती है।

- आमतौर पर वर्षाकाल में दिखाई देने वाला **कीट टिलवोह्रा (ड्रेगन फलाई)** यदि झुण्ड में पानी की सतह पर उड़ता हुआ दिखाई दे तो किसान द्वारा कम वर्षा का अनुमान लगाया जाता है। और यदि झुण्ड खुले खेत या क्षेत्र में उड़ता दिखाई दे तो भारी वर्षा की संभावना होती है।

- **बादलों का रंगः** यदि इसका रंग तीतर के पंखों के समान हो, जैसे भूरा या काला–भूरा और पूर्व की ओर से तेज हवा का बहाव हो तो किसानों द्वारा वर्षा की भविष्यवाणी की जाती है, क्योंकि तीतर के पंखों के सनान रंग वाले बादल वर्षा के बादल होते हैं जिन्हें कुमुलोनिम्बस प्रकार के बादल कहा जाता है।

- **चींटियांः** यदि अपने अण्डे एक जगह से दूसरी जगह पर ले जाती हुई दिखाई दे तो वर्षा होने की संभावना रहती है, अगर चींटिया खाने के टुकड़ों को अपने एक घरौंदे से दूसरे घरौंदे में ले जाती है तो यह इंगित करता है कि कुछ समय बाद में वर्षा होने वाली है।

- **मकड़ीः** जब यह घास, टमाटर व बीन फसल पर बहुत सारे जाले बनाती है तो यह अनुमान लगाया जाता है कि वर्षाकाल समाप्त होने वाला है।

- संध्या के समय दीमक का उड़ना वर्षा की संभावना को दर्शाता है।

1. **सामाजिक एवं सांस्कृतिक मान्यताओं के आधार परः** कई सांस्कृतिक, सामाजिक, धार्मिक और अन्धविश्वासों के आधार पर मौसम की भविष्यवाणी करने संबंधित गतिविधियों कई पीढ़ियों के बाद भी प्रबल है। अनादिकाल से किसान इन विश्वासों/गतिविधियों के आधार पर मौसम की भविष्यवाणी करते आये हैं, इनमें से कुछ उदाहरण निम्न हैं–

    - यदि ज्येष्ठ माह (मई–जून) में अधिक गर्मी पड़े तो आने वाले वर्षाकाल में अधिक वर्षा की संभावना रहती है। सम्भवतः यह उत्तर–पश्चिम भारत में अत्यधिक गर्मी के कारण कम वायु वाले क्षेत्र उत्पन्न होने के कारण होता है।

    - यह माना जाता है कि यदि भूरे रंग के बादल पहाड़ों से नीचे उतरते हैं तो अवश्य ही वर्षा की संभावना रहती है।

    - यदि किसी वर्ष खेजड़ी के पेड़ पर अधिक फल लगते हैं तो अगले वर्ष अच्छी वर्षा की संभावना होती है और यदि कम फल लगे तो किसान कम वर्षा का अनुमान लगाते है।

2. **मौसम की भविष्यवाणी के संबंध में कवि चुप की लोक विद्याः** 17वीं सदी के दौरान मौसम की भविष्यवाणी के संबंध में लोकप्रिय कवि चुप व उनकी पत्नी की लोक विद्या बहुत प्रसिद्ध थी जो अभी भी उत्तर भारत में बहुत लोकप्रिय है। कृषि विद्याएं नीचे दी गई हैंः

- ❐ जब लगातार तेज गति से पूर्वी हवाएं चलने लगे तो ऐसा अनुमान लगाया जाता है कि वर्षा का मौसम आने वाला है।
- ❐ कवि चुप के अनुसार यदि दिन बहुत गर्म रहे व रात को ओस गिरे तो वर्षा बहुत सीमित समय के लिए होगी।
- ❐ जब दिन में बादल छाये रहें व रात में साफ हो तथा पूर्वी हवाएं कुछ तेज गति से चलें तो कवि चुप के अनुसार वर्षा नहीं होने की संभावना व्यक्त की गई है तथा यह अनुमान लगाया जाता है कि तालाबों व नदियों में पानी की कमी रहेगी।
- ❐ जब पूर्वी दिशा में इन्द्रधनुष दिखाई दे तो सायं को या अगले दिन निश्चित रूप से वर्षा की संभावना रहती है।
- ❐ गर्मी के मौसम में नीम के पेड़ का सुखना सुखे की स्थिति को दर्शाता है।

3. **वर्षा के पूर्वानुमान में महान कवि श्री घाघ और भडुरी द्वारा लिखित कुछ पंक्तियां निम्नांकित हैंः**

- ❐ असुना गल भरनी गली, गलियों ज्येष्ठा मूर।
  पूरबाषाढ़ा धूल किन, उपजै सातो तूर।।

  अर्थः यदि अश्विनी, भरणी, ज्येष्ठा और मूल नक्षत्र में वर्षा हो जाये तो पूर्वाषाढ़ नक्षत्र में चाहे धूल ही क्यों न उड़े– सातों प्रकार के अन्न अवश्य पैदा होंगे।
- ❐ माघ सुदी जो सप्तमी, बिज्जु मेह हिम होय।
  चार महीना बरससी, सोक करौ मति कोय।।

  अर्थः यदि माघ सुदी सप्तमी बदली, बिजली और गहरी सर्दी हो तो अगले बरसात में पूरा चार महीना बरसेगा–कोई सोच न करें।
- ❐ पूस अँधारी तेरसै, चहुँदिसि बादल होय।
  सावन पूनो मावसै, जल धरणी में होय।।

  अर्थः यदि पूस बदी तेरस को चारों और बादल छाये हों, तो सावन की अमावस्या और पूर्णिमा को पर्याप्त वर्षा होगी।

❑ ढ़ेले ऊपर चील जो बोले।
गली गली मै पानी डोले।।

अर्थः यदि ढ़ेले के ऊपर बैठकर चील बोले तो इतनी वर्षा होगी कि गलियों में भी पानी भर जायेगा।

❑ कलसा पानी गरम हो, चिड़िया न्हावै धूर।
अंडा लै चींटी चलै, तो बरखा भरपूर।।

अर्थः यदि घड़े का पानी गरम प्रतीत हो, गौरैया पक्षी धूल नें नहाये और चींटी अंडे लेकर चले तो भरपूर वर्षा होगी।

❑ आषाढ़ मास आठे अँधियारी।
जो निकले चन्दा जलधारी।।

चन्दा निकले बादल फोड़।
साढ़े तीन मास वर्षा का जोग।।

अर्थः यदि आषाढ़ बदी अष्टमी को अंधकार छाया हुआ हो और चन्द्रमा बादलों को फोड़कर निकले तो साढ़े तीन महीने वर्षा होगो।

❑ पूस अमावस मूलको, सरसै चारों बाय।
निहचै बाँधों झोपड़ी, बरखा होय सेवाय।।

अर्थः यदि पूस की अमावस्या को मूल नक्षत्र पड़े, चौबाई हवा चले तो अपनी झोपड़ी ठौकसे छा रखो, क्योकि वर्षाकाल भर पानी खूब बरसेगा।

❑ माद्य अँधेरी सप्तमी, मेह बिज्ज दमकंत।
मास चारि बरसै सही, मत सौंचैं तू कन्त।।

अर्थः यदि मास वदी सप्तमी को बादल छायी हो और बिजली चमके तो आगामी बरसात में चार महीने अच्छी वर्षा होगी।

❑ सावन शुक्ला सप्तमी, उगत न दीखै भान।
तब लगि देव बरसिहैं, जब लगि देवविहान।।

अर्थः यदि सावन सुदी सप्तमी को सवेरे आकाश मेघाच्छन्न रहे और सूर्योदय होते न दिखे तो वर्षा कार्तिक सुदी 22 (देवोत्यानी) तक होती रहेगी।

❑ मोर पंख बादर उठे, राड़ा काजर देख।
वह बरसै वह घर करैं, भायें मीन न मेख।।

अर्थः यदि मोर के पंख के समान बादल उठे तथा विधवा की आँखों में काजल की रेखाएँ लगी हों तो वह बादल तो बरसेगा और वह विधवा दूसरा पति करेगी, इसमें कुछ मीनमेख नहीं है।

- जेठ उजारे पाख में, आद्रादिक दस रिच्छ।
  सजल होयँ निर्जल कह्यो, निर्जल सजल प्रतच्क्ष।।

  अर्थः यदि आर्द्रा आदि दस नक्षत्र जेठ के शुक्ल पक्ष में बरस जायँ तो वर्षा में ये दसों नक्षत्र नहीं बरसेंगे और यदि ये न बरसें तो बरसात भर अच्छी वृष्टि होगी।

- रात निर्मली दिन में छाहीं।
  कहैं भड्डारी पानी नाही।।

  अर्थः यदि रात में आकाश स्वच्छ रहे और दिन में बादल छाये रहें तो भड्डरी कहते है कि पानी नहीं बरसेगा।

- पुरूवा बादर पश्चिम जाय। वासे वृष्टि अधिक बरसाय।।
  जो पश्चिम से पूरब जाय। वर्षा बहुत न्यून हो जाय।।

  अर्थः यदि पूरब के बादल पश्चिम की और जायँ तो अच्छी वर्षा होगी। यदि वे पश्चिम से पूरब की ओर जायँ तो बहुत ही कम वर्षा होगी।

4. विभिन्न उद्यमियों से अनुमान

विभिन्न प्रकार के उद्यमों की प्रकृति भी मौसम का पूर्वानुमान देती है जिन्हें निम्न कहावतों में संजोया गया हैः

i) कुंदन जड़े न जड़ाव, जमे सलायत कीट।
कहे जड़िया सूण जे लगत उठे मेह की रीठ।।

अर्थः नगीने जड़ते समय जो कुंदन न लगे और सलाइयों पर कीट जमने लगे तो समझिए कि वर्षा खूब होगी।

ii) देख खुरड कहे ढेढ की, कंथा टूटे नेह।
ल्हेई चढ़े न चामड़े, मुकता बरसे मेह।।

अर्थः जूते बनाते समय यदि चमड़े पर लेई न चिपके तो समझो कि वर्षा आने वाली है।

iii) धोध्या धोखे मिट गयो, मन में हुआ हुलास।
देख सूदणों बज बजी, मेह आवण री आस।।

अर्थः धोबी द्वारा कपड़े के खूम देने के माट में खंभीर उठे तथा माट में गर्मी अधिक हो तो वर्षा आने वाली है।

iv) ढोल दयामा दुडबड़ी, बैठे सादर बाजे।
कहे डोम दिन तीन में इंद्र करे आवाज।।

अर्थः ढोल, नगाड़े और ताष आदि चमड़े से मढ़े हुए बाजे यदि ठीक से न बजें तो समझो तीन दिन में वर्षा आने वाली है।

v) बिगडी घिरत बिलोवणों, नारी होय उदास।
असवारी मेंह की रहे छास की छास।।

अर्थः दही बिलोने पर घी जल्दी एकत्रित न हो और छाछ में घुलमिल जाता हो तो समझो कि बहुत जोर से वर्षा होगी।

vi) बिगड़ै बासण चाक पर पट्टी अधिक उभार।
आरख आगम समझ कै मेह कहे कुम्हार।।

अर्थः चाक पर से गीली मिट्टी के बर्तन नहीं उतरे, वहीं बिगड़ जाऐ तो कुम्हार कहता है वर्षा आई समझो।

5. **अन्य कहावतें**

i) संवत रा अंक इकट्ठा कीजै, 3 मिलाय तिगुना कीजै।

फिर भाग 7 से दीजै, उनमें शेष 2 बचे श्मसान, 3 बचे तो बारिश घमासान, 4 बचे तो पवन बाजै, 5 बचे तो अन्न धणै रो साजे। 6 बचे तो आधो काल, शून्य बचे तो महाकाल।

अर्थः संवत के अंक जोड़ें, उनमें तीन और मिलाकर तिगुना करें। फिर 7 का भाग दे। शेष 2 बचे तो श्मसान यानी महामारी फैलने का खतरा है। शेष 3 बचे तो अच्छी वर्षा के संकेत है। 4 बचे तो आंधियां ज्यादा चलेंगी, 5 बचे तो बंपर पैदावार होगी। शेष 6 बचे तो आधा अकाल होगा और यदि शून्य आए तो समझो कि महाकाल आने वाला है।

ii) नीम्बी सूकै नीम पर, पड़ै न नीचे आय।
अन्न न निपजै एक कण, काळ पड़ैलो आय।।

अर्थः यदि निम्बोली नीम पर पक कर ही सूख जाय और भूमि पर न गिरे तो अन्न का एक दाना भी न होगा अर्थात् अकाल पड़ेगा।

iii) काले कैर सुकालै बैर।

अर्थः अकाल में केर व सुकाल (जमाने) में बेर ज्यादा होते हैं।

iv) बिरखा आरम्भ ज्याणजे निकस्या थूहर पात।

अर्थः थुहर के पत्ते निकलने शुरू हों तब जानना कि वर्षा आने वाली है।

v) दिन में गरमी रात में ओंस, बिरखा जा पूगी सौ कोस।

अर्थः वर्षाकाल में दिन में गरमी रहे और रात में ओस पड़े तो जानो कि वर्षा दूर चली गई है।

❑❑❑

अध्याय 28

भारतीय परिस्थितियों में जैविक खेती की सम्भावनाएं

विश्व बाजार व्यवस्था के लागू होने से हर नीतिकार एवं पर्यावरणविद् पारम्परिक खेती के स्थान पर जैविक खेती को अपनाने पर जोर दे रहे हैं। जैविक खेती के लिये किसानों को अनुदान दिया जा रहा है तथा इसके लिये कृषकों को प्रोत्साहित किया जा रहा है। लेकिन हमारे पर्यावरणविद् यह भूल जाते हैं कि जिस पारम्परिक खेती ने देश को अनाज उत्पादन में आत्मनिर्भर बनाया है, भविष्य में इसके बिना अनाज उत्पादन एक स्वप्न की तरह है। विश्व में अमेरिका, कनाडा तथा आस्ट्रेलिया ही ऐसे देश हैं जो जैविक खेती को अपनाकर अपनी जनसंख्या का पेट 2050 तक भर पायेंगे। लेकिन क्या भारतीय दशाओं में जहां निरन्तर बढ़ती जनसंख्या एक विकराल समस्या है वहां हम अपने लोगों का पेट जैविक उत्पादों से भर पायेंगे? नहीं, बढ़ती जनसंख्या के फलस्वरूप कृषि योग्य भूमि की निरन्तर कमी हो रही है तथा बाढ़ एवं सूखा दूसरी मुख्य समस्या है। उच्च उत्पादन देने वाली खाद्यान्न किस्मों के लिये अत्यधिक पोषक तत्वों की आवश्यकता होती है जिसकी पूर्ति जीवांशों द्वारा नहीं की जा सकती है। यदि रासायनिक उर्वरकों के बढ़ते प्रयोग को देखे तो ज्ञात होता है कि यह प्रतिवर्ष 0.58 मिलियन टन की दर से बढ़ रहा है जिसके वर्ष 2020 में 29.6 मिलियन टन होने का अनुमान है। उस समय फसलों द्वारा अवशोषित पोषक तत्वों की मात्रा 37.46 मिलियन टन होगी। इस प्रकार 2020 में उर्वरकों की खपत एवं अवशोषित पोषक तत्वों के बीच 8 मिलियन टन का अन्तर होगा जो कि देश के लिये एक चेतावनी है।

जैविक कृषि के लिये आवश्यक जीवांश स्रोत निम्न हैं:

पशु मल: अधिकांश का प्रयोग ईंधन के रूप में तथा कुछ मात्रा खाद के रूप में।

फसल अवशेष: चारे के रूप में।

हरी खाद: इसके लिये किसान को एक फसल छोड़नी पड़ती है जिसके लिये वो तैयार नहीं होता तथा शुष्क क्षेत्रों में स्वीकार्य नहीं है।

मानव मल: सार्वजनिक रूप से स्वीकार्य नहीं है।

इस प्रकार हम देखते हैं कि उपलब्ध जीवांशों की मात्रा अत्यन्त अल्प है तथा इनका कृषिगत उपयोग नगण्य है। दूसरी और सांध्र उर्वरकों के प्रयोग से मृदा में कई पोषक तत्वों की कमी दृष्टिगोचर होने लगी है, क्योंकि किसान नत्रजन व फॉस्फोरस के अतिरिक्त अन्य पोषक तत्व नहीं देता है। अतः वर्तमान समय में उत्पादन एवं उत्पादकता में टिकाऊपन बनाये रखने के लिये आवश्यक है कि पूर्ण जैविक या पूर्ण पारम्परिक कृषि के स्थान पर समन्वित पोषक तत्व प्रबन्धन अपनाना आवश्यक है। विकसित राष्ट्रों की तुलना में आज भी हमारे देश में कुछ राज्यों, जैसे पंजाब एवं हरियाणा को छोड़कर उर्वरक प्रयोग की दर बहुत कम है। अतः इनके प्रयोग को रोकने की अपेक्षा समन्वित प्रणाली अपनाना आवश्यक है।

इसी प्रकार से कीट एवं रोगनाशकों का प्रयोग किये बिना अच्छा उत्पादन लेना कठिन प्रक्रिया है। इसके लिये किसानों का तकनीकी रूप से सुदृढ़ होना आवश्यक है। वर्तमान समय में देश में कृषि रसायनों की उपयोग दर 570 ग्राम प्रति हैक्टेयर है जबकि हालैण्ड में यह 17.0 कि.ग्रा. प्रति हैक्टेयर है अर्थात् अभी हम उस पायदान पर हैं जहां उनको बंद करने की अपेक्षा समन्वित प्रणाली अपनाकर उनके प्रयोग को सीमित कर सकते हैं। इसके लिये कृषकों को अधिक से अधिक जानकारी देकर उन रसायनों के प्रयोग को प्रोत्साहित करना चाहिये जिनकी विषाक्तता मानव के लिये कम हो, पर्यावरण के अनुकूल हो तथा उपयोग की जाने वाली सामग्री में इसका अंश नहीं रहे। समन्वित कीटनाशी प्रणाली एक अच्छा उपाय है जिसका प्रचार एवं प्रसार किये जाने की आवश्यकता है।

इसी प्रकार से जबकि प्रति हैक्टेयर उत्पादन लागत बढ़ रही है, जैविक खेती में लागत अधिक एवं उत्पादन पारम्परिक कृषि की तुलना में कम होता है। अतः उत्पाद की अधिक मिलने वाली कीमत भी इसकी पूर्ति नहीं कर पाती है। अतः जैविक खेती अपनाने से पूर्ण तथ्यों को ध्यान में रखना आवश्यक है। सब्जियों में कृषि रसायनों के उपयोग को सीमित किया जाना चाहिये तथा आवश्यकता होने पर मानव के लिये सुरक्षित रसायनों का प्रयोग किया जाना चाहिये। माना कि जैविक खेती अपनायी जाये तो कम होने वाले उत्पादन की भरपायी के लिये हमें अधिक क्षेत्र में कृषि करनी पड़ेगी जिसके लिये वनों का विनाश होगा जिसके फलस्वरूप, मृदा क्षरण, पोषक तत्वों की हानि, कम वर्षा, अकाल आदि समस्यायें जन्म लेंगी और उनका नियंत्रण हमारे हाथ से बाहर होगा।

जैविक खेती का विश्व और भारत में स्थान

वर्तमान में जैविक खेती विश्व के लगभग 162 देशों में 370 लाख हैक्टेयर भूमि पर 18 लाख कृषकों द्वारा की जा रही है वर्ष (2013)। भारत में भी जैविक खेती का विस्तार हो रहा है। वर्ष 2015–16 में भारत में जैविक खेती के अंतर्गत कुल 57.1 लाख हैक्टेयर प्रमाणित क्षेत्र था जिसमें से 42.2 लाख हैक्टेयर वन्य/जंगली और 14.9 लाख हैक्टेयर कर्षित क्षेत्र था। वर्ष 2015–16 में 13.5 लाख टन जैविक उत्पादों का उत्पादन किया गया।

मध्य प्रदेश, हिमाचल प्रदेश, राजस्थान, उत्तराखंड, केरल, कर्नाटक, असम, सिक्किम और अन्य उत्तर–पूर्वी राज्य जैविक खेती को अपनाने वाले प्रमुख राज्य हैं। इसमें सोयाबीन, कपास, गन्ना, तिलहन, दलहन, बासमती धान, मसाले, चाय, फल, सूखे फल, सब्जियां, कॉफी और उनसे प्राप्त मूल्य सवंर्धित उत्पाद शामिल हैं।

जैविक उत्पादों का बढ़ता निर्यात

देश से जैविक पदार्थों के निर्यात में धीरे–धीरे वृद्धि हो रही है। देश से वर्ष 2015–16 के अंतर्गत 2.63 लाख टन जैविक उत्पादों का विभिन्न देशों को निर्यात किया गया। इन जैविक उत्पादों में मुख्य रूप से तिलहन (50 प्रतिशत), प्रसंस्कृत खाद्य पदार्थ (25 प्रतिशत), धान्य (अन्न) एवं मोटे अनाज (17 प्रतिशत), चाय (2 प्रतिशत), दालें (2 प्रतिशत), मसाले (1 प्रतिशत) एवं अन्य शामिल हैं। यह निर्यात यूरोपियन संघ, अमेरिका, कनाड़ा, स्विट्जरलैण्ड, कोरिया, आस्ट्रेलिया, न्यूजीलैण्ड, दक्षिण–पूर्वी एशिया के देश, मध्य पूर्व एशिया के देशों और दक्षिणी अफ्रीका आदि को किया गया। वर्ष 2015–16 में निर्यात किए गए जैविक उत्पादों का कुल मान 298 मिलियन अमेरिकी डॉलर था। भविष्य में जैविक पदार्थों के अन्तर्गत क्षेत्रफल बढ़ने की अपार संभावनाएं हैं, जिससे कि इन पदार्थों का उत्पादन एवं निर्यात बढ़ेगा और देश में अधिक मात्रा में विदेशी मुद्रा का अर्जन हो पाएगा।

जैविक खेती एवं कृषि आय

जैविक उत्पादों के निर्यात को बढ़ाकर इनसे प्राप्त आय को बढ़ाया जा सकता है। भारत जैविक विधि से उत्पादित सोयाबीन, कपास, गन्ना, तिलहन, दलहन, बासमती धान, मसाले, चाय, फल, सूखे फल, सब्जियां, कॉफी और उनसे प्राप्त मूल्य–सवंर्धित उत्पादों का निर्यात करता है। आमतौर पर बाजार में जैविक उत्पाद कुछ महंगे मिलते हैं और आम आदमी की पहुंच से दूर होते हैं। परंतु जो उपभोक्ता इन महंगे उत्पादों को खरीद सकते हैं उन्हें ऐसा कर लेना चाहिए, क्योंकि इन उत्पादों से मानव स्वास्थ्य अच्छा रहता है। जैविक खेती को अपनाकर कृषि आय में वृद्धि की जा सकती है, क्योंकि जैविक उत्पादन में लगभग 15–20 प्रतिशत लागत कम आती है और जैविक उत्पादों की बिक्री पर 25–50 प्रतिशत तक कम प्रीमियम (अधिक मूल्य) मिलता हैं। अतः जैविक खेती में फसलों का उचित प्रकार से प्रबंधन किया जाए तो अच्छी आमदनी की प्राप्ति होगी।

अतः जैविक खेती के बारे में कुछ तथ्य जो विचारणीय हैं:

1. अनाज वाली फसलों में जैविक की अपेक्षा समन्वित पोषक तत्व प्रबंधन अधिक उपयोगी है तथा इनमें कुछ स्थानों को छोड़कर रसायनों का प्रयोग कम या नहीं होता है।

2. दलहनों एवं तिलहनों में जैविक कृषि अपनाई जा सकती है। इनकी पोषक तत्वों की आवश्यकता कम होती है। नत्रजन की पूर्ति जैविक तरीकों से तथा फॉस्फोरस की पूर्ति रॉक फास्फेट या प्रोम खाद से की जा सकती है तथा रसायनों के प्रयोग को सीमित किया जा सकता है।

3. सीधे उपयोग किये जाने वाले मसालों में किसान जैविक खेती को अपनाकर अधिक लाभ ले सकता है, जैसे जैविक धनियां, जीरा, सौंफ, राई, मेथी, अजवाईन आदि।

4. सब्जियों में रसायनों का उपयोग सीमित किया जाना चाहिये तथा इसके लिये निम्न उपाय कारगर रहेंगेः

    - अधिक विषाक्त रसायनों, जिनकी अर्ध आयु अधिक हो, का प्रयोग बंद किया जाना चाहिये।
    - किसान कीटनाशकों की सही मात्रा का उपयोग करे। शीघ्रता से कीट व रोग नाश के लिये रसायनों की अधिक मात्रा का प्रयोग नहीं करना चाहिये।

5. जैविक पशु उत्पाद प्राप्त करने के लिये आवश्यक है कि उनको खिलाया गया आहार भी जैविक हो जो कि असम्भव प्रतीत होता है, क्योंकि जब मानव उपयोग के लिये ही जैविक भोजन एक दूर की कड़ी है तो पशुओं के लिये जैविक आहार खिलाना वर्तमान में सम्भव नहीं है।

अतः किसान भाई जैविक खेती अपनायें लेकिन एक टिकाऊ आधार पर, जिससे अधिकतम लाभ प्राप्त होने के साथ ही उत्पादन में कमी न हो, अन्यथा हमें जैविक उत्पाद बेचकर विदेशी मुद्रा तो प्राप्त हो जायेगी लेकिन हो सकता है खाने के लिये हमें विदेशों से अधिक विषाक्त अनाज का आयात करना पड़े।

WHAT IS ORGANIC FARMING?

Organic farming is a producation system which avoids or largely excludes the use of synthetic compound fertilizers, pesticides, growth regulators and livestock feed additives. To the maximum extent feasible, organic system relies on crop rotation, crop residues, animal manures, legumes, green manures, off farming organic wastes and aspects of biological pest control to maintain soil productivity and tilth to supply plant nutrients and to control insects, weeds and other pests.

Scenario: Many farmers have experimented organic farming successfully for crops like coconut, spices, sapota, banana, etc. Exports of organic spices and herbs have also been successfully made. The organic spices exported are black pepper, small cardamom, ginger, turmeric, cloves etc. There is also a scope for encouraging the export of organic fruits and flowers. The crops gorwn under organic farming in India are many, such as cashew nut, cotton, rice, sugarcane, pineapple, passion fruit, groundnut, sunflower, millets, vegetables, wheat, castor, sorghum, mustard, coriander, fenugreek, walnut, tea, coffee, banana and so on. The value of externally traded organic commodities is more than 100,000 US $.

Scope for Promotion of Organic Farming : Hilly NE states and states having large area under rainfed agriculture are naturally organic because of their topography and minmum fertilizer consumption. So, reorienting such areas to organic farming system would be easier.

INITIATIVES TAKEN BY THE STATES

1. Sikkim has declared itself as an organic farming state from the year 2002 and is known as organic state in India.
2. Uttaranchal is the first state in the country to establish organic commodities board and created organic export zones by establishing organic bio villages.
3. The state Madhya Pradesh has declared many villages as organic.
4. The state Rajasthan has started organic farming successfully in spices, medicinal plants & horticultural cropes. Spices growers of Rajasthan are converting their land into organic farming.
5. There is tremendous scope of organic farming in the field of pulses, coriander, garlic and medicinal plants as some growers of these crops are still depending on natural farming practice.

INITIATIVES TAKEN BY GOVT. OF INDIA

1. Horticulture technology mission for NE states, Sikkim, Jammu and Kashmir, H.P. and Uttaranchal.
2. From tenth plan period, the allocation for Uttaranchal is Rs. 80 Crore.
3. Under the mission the following provision are available for promoting organic horticulture:

   Rs. 10 Thousands per hectare for adoption of organic farming system.

   Rs. 5 Lacs for organic farming certification for a ground of farmers.

   Rs. 30 Thousands for establishment of vermicompost units.

LIST OF APPROVED ACCREDITION, CERTIFICATION AND INSPECTION AGENCIES FOR ORGANIC PRODUCTS IN INDIA

Accredition agencies

1. APEDA
2. Coffee Board, Spice Board
3. Tea Board
4. Coconut Board, and
5. Coco and Cashew nut Board

Certification and inspection agencies in India

1. Institute of Marketology (IMO)
2. Bangalore SKAL India, Bangalore
3. ECOCERT International, Aurangabad
4. LACONGMBH, Aurangabad
5. SGS India Pvt. Ltd., Gurgaon
6. Association for promotion of organic farming, Bangalore and
7. Indian Organic Certification Agency, Cochin
8. INDOCERT (Cochin)
9. USOCA (Uttaranchal State Organic Certifying Agency)
10. NOCA (Pune)
11. BIOINSPECTA (Cochin)
12. LACON (Cochin)
13. BVQI (Pune)
14. One Cert Asia (Jaipur)
15. विभिन्न राज्यों में अनेक संस्थाएं जैविक प्रमाणीकरण का कार्य कर रही हैं। इनकी सूची एवं जानकारी के लिए APEDA- कृषि एवं प्रसंस्करित खाद्य उत्पाद निर्यात विकास प्राधिकरण, नई दिल्ली (www.apeda.gov.in) और राष्ट्रीय जैविक खेती केंद्र, गाजियाबाद (http:/ncof.dacnet.nic.in) की वेबसाइट देखें।

Advantage Indian in Organic Farming

1. Around 600-700 million tonnes of agricultural wastes are available in the country every year.
2. Technologies have been developed to produce large quantities of vermicompost.
3. Specific biofertilizers are available for cereals, pulses and oilseeds.
4. Strong traditional farming system exists like Crop-Tree-Animal.
5. Self-dependent farming system is there like Resource Management at village level.
6. Innovative farmers in technology refinement or integration are available.
7. 63 agricultural universities with rich knowledge system.
8. Easily available human labour to do best use of human resources.
9. Vast drylands-60 per cent agricultural land, least use of chemicals.

Major success with organic farming in India

Organic tea	Ambootia tea (5 Lac tonnes), NEH
Organic cotton	Makail Bio fibre (1500 farmers), M.P.
Basmati rice	Default organic (Uttaranchal)
Multi-enterprise organic farming	Ms. Swaminathan Foundation, Chennai
Organic medicinal plants	IITC, UP
Organic sesame	Default organic- Rajasthan
Pineapple	Default organic (NEH)
Organic coriander	Muraka Foundation, Jaipur.

Priorities areas for research and development under organic farming in India:

1. Research project for formulating organic farming practices should be framed by ICAR and others.
2. Establishment of national centre for organic farming will be useful in undertaking basic research.
3. Development of pesticides of plant origin (e.g. neem) and use of bio-agents specially under IPM system.

4. Incentives for production of good quality organic manure, biopesticides, biofertilizers and green manuring crops may be considered.
5. Visit of farmers to model organic farms should be encouraged. Seminars, workshops, conferences and lectures to create awarencess regarding important components of organic farming should be organized.
6. The indiscriminate use of inorganic fertilizers and pesticides need to be discouraged.
7. Marketing infrastructure for organically produced commoditized should be developed.
8. Financial support can come forward to provide appropriate support.
9. Provision of incentives for organic growers at state level by government should be considered given.

Organic Certification

IFOAM: International umbrella organization of Organic Agriculture organizations has 750 members in 200 countries. In India, in March 2000, Ministry of Commerce launched National Programme of Organic Production (NPOP) to establish National Standards for Organic Production (NSOP) which could be sold under.

"India organic" Logo

Indian NSOP & India Organic Logo is governed by APEDA, which provides national standards for organic products through a National Accreditation Policy and Programme (NAPP). Agencies engaged in inspection and certification should be accredited by NAPP.

Organic Farming in India

- Organic farming systems are very much native to Indian Agriculture.
- As of now also, in more than 85% of the farm-households, crop + livestock farming system is prevailing.
- India's average fertilizer and pesticides consumption stands at 128.3 kg/ha and 0.31 kg a.i./ha, respectively.
- Moreover, despite all technological advancements, nutrient use efficiency is on lower side (33 % for N, 15% for P and 20 % for K and micronutrients).

- On the other hand, it has been proved scientifically and convincingly that integrated use of organic manures with chemical fertilizers improves the use efficiencies owing to improvement of soil physical, chemical and biological properties.
- The water holding capacity of the soil also gets improved on account of regular use of organic manures/enriched compost.
- It is estimated that various organic recources having the total nutrient potential of 32.41 mt will be available for use in 2025, out of these organic resources potential of nutrients ($N+P_2O_5+K_2O$) from human excreta, livestock dung and crop residues would be only 7.75 mt.

Area under Organic Farming, Production and Export

- In world 78 million ha area in 170 countries is under organic agriculture which includes both cultivated and wild harvest.
- India has brought 4.89 million ha area under organic certification process.
- Out of this cultivated area accounts for 1.18 m ha (24.1%) while remaining 3.71 m ha (75.9 %) is wild forest harvest collection area.
- India ranks 10th among the top ten countries having the cultivable land under organic certification. In term of wild collection, India ranks 3rd next to Finland and Zambia.
- Sikkim state has been declared as organic state from January 2016 and has highest net sown area (100%) under organic certification, while MP is having largest area (232887 ha) under organic production system.
- The domestic market for organic products in the year 2014-15 was estimated at Rs. 875 crore.

Crop productivity and Economics under Organic Farming

- Cost of production per unit area is less (15-20%) under organic agriculture than inorganic management when on-farm organic inputs are used.
- If organic inputs are purchased from outside the farm and utilized, the cost of production increases by 13 to 20 %.
- Obtained 25-50% higher market price from organic products on sale.
- Environment saviour: Good potential of C sequester (upto 63% higher carbon stock in 10 year).

- Higher soil organic carbon (22% increases in 6 year).
- Reduction in energy requirement (10-15%).
- Increase water holding capacity (by 15-20%) thereby promoting climate resilience farming.
- Increase micro-organism population in soil.
- Among the pulses greengram, chickpea and cowpea responds better.
- Research results indicated that production in organic agriculture is low about 10-35% as compared traditional farming specially upto initial 3 years.

Organic Certification

- Organic Certification is a process which involves farmer's integrity, documentation, application of internal control system, package of practices, development and application of land fertilization measures, pest control without using chemically produced agents, traceability of inputs from farmer to consumers.
- Third party inspection, certification and labeling are meant for authentication, credibility and to build up consumer acceptance.
- Certification requirements vary from country to country and generally involve a set of production standards for growing, storage, processing, packing and shipping that include:
  - Avoidance of synthetic chemical inputs (e.g. fertilizer, pesticides, antibiotics and food additives), irradiation and the use of sewage sludge.
  - Avoidance genetically modified seed.
  - Use of farmland that has been free from prohibited chemical inputs for a number of years (often, three or more).
  - For livestock, adhering to specific requirements for fed, housing and breeding.
  - Keeping detailed written production and sales records 9 audit trail).
  - Maintaining strict physical separation of organic products from non-certified products.
  - Undergoing periodic on-site inspections.
  - Record keeping-written, day to day farming and marketing records, covering all activities must be maintained for inspection at any time.

- Documentation for extensive paperwork is required, detailing farm history and current set-up and usually including results of soil and water tests.
- However, in some countries, certification is overseen by government and commercial use of the term *organic* is legally restricted. Certified organic producers are also subject to the same agricultural, food safety and other government regulations that apply to non-certified producers. Certified organic foods are not necessarily pesticide-free, certain pesticides are allowed.

There are 11 accredited certifying agencies:

1. INDOCERT (Cochin)
2. SKAL (Bangalore)
3. IMO Control (Bangalore)
4. ECOCERT (Aurangabad)
5. USOCA (Uttaranchal State Organic Certifying Agency)
6. NOCA (Pune)
7. BIOINSPECTA (Cochin)
8. SGS (Gurgaon)
9. LACON (Cochin)
10. BVQI (Pune)
11. One Cert Asia (Jaipur)

❑❑❑

अध्याय 29

परिभाषा

जैविक खेती क्या है? जैविक खेती का अभिप्राय कृषि की उस पद्धति से है जिसमें रासायनिक उर्वरकों, कीटनाशकों, शाकनाशियों एवं वृद्धि नियन्त्रकों के उपयोग से परहेज रखते हुए जीवांश के उपयोग पर विशेष जोर दिया जाता है। जैविक खेती में जमीन की उर्वरा शक्ति एवं पर्यावरण को सुरक्षित रखने के सारे तत्व मौजूद रहते हैं। इसमें रासायनिक खाद एवं कीटनाशकों के स्थान पर पशु अपशिष्ट से निर्मित कम्पोस्ट खाद, हरी खाद, गोबर की खाद, ब्लूग्रीन एल्गी और ऐजोटोबेक्टर जैसे सूक्ष्म जीवों का उपयोग, फसल चक्र, मित्र कीट, करंज, नीम एवं गौमूत्र आदि से निर्मित कीट नियन्त्रक, खेतों में उत्पन्न अपशिष्ट घास इत्यादि का उपयोग किया जाता है। अतः जैविक खेती भूमि, जल तथा वायु को प्रदूषित किए बिना दीर्धकालीन, स्थिर व टिकाऊ उत्पादन करने में महत्वपूर्ण सहायक होती है। जैविक खेती कृषि की वह पद्धति है, जिसमें पर्यावरण को स्वच्छ व प्राकृतिक संतुलन को कायम रखते हुये भूमि की सजीवता, जल की गुणवत्ता, जैव विधिधता आदि को बनाये रखते हुये व पर्यावरण एवं वायु को प्रदूषित किए बिना, दीर्घकालीन व स्थित उत्पादन प्राप्त किया जाता है।

जीवाणु खादः ऐसे प्राकृतिक जीवाणुओं का समूह है जिनको लिग्नाइट धारक के माध्यम से वैज्ञानिक विधियों द्वारा तैयार कर पॉलिथीन की थैलियों में बंद कर कृषकों को बीज, भूमि व पौधे उपचार हेतु उपलब्ध कराया जाता है, जो वायुमंडलीय नाइट्रोजन को अमोनिया में और भूमि में विद्यमान निष्क्रिय तथा अघुलनशील तत्वों को उपयोग योग्य बनाकर पौधों को उपलब्ध कराने में समर्थ होते हैं। जीवाणु खाद ऐसे ही जीवाणुओं का उत्पाद है, जो सब तरह के पौधों को नाइट्रोजन, फास्फोरस, पोटाश इत्यादि की उपलब्धता बढ़ाता है।

जैव नियंत्रण कीटः हानि पहुंचाने वाले कीटों को नियंत्रित करने या मारने के लिए उनके प्राकृतिक शत्रुओं को प्रयोग करना जैविक नियंत्रण कहलाता है।

भारी कार्बनिक खादः वे कार्बनिक खादें जिसमें तत्वों की मात्रा भार अनुसार बहुत कम होती हैं तथा खाद के साथ–साथ भूमि सुधारक का काम भी करती हैं, जैसे गोबर की खाद, कम्पोस्ट आदि।

बायोगैस स्लरीः वैज्ञानिक युग में गोबर के दोहरे (ईंधन व खाद) एवं समुचित उपयोग के लिए उसका इस्तेमाल बायोगैस संयंत्र में किया जाना चाहिये। गोबर व पानी को समान मात्रा में मिलाकर जब बायोगैस संयंत्र में हवा की अनुपस्थिति में किण्वित किया जाता है तो ईंधन के रूप में बायोगैस (गोबर गैस) एवं अपशिष्ट के रूप में किण्वित स्लरी प्राप्त होती है। किण्वित स्लरी को बायोखाद या बायोगैस स्लरी के नामों से भी जाना जाता है।

कम्पोस्टः कार्बनिक अवशिष्ट या मिट्टी और कार्बनिक अवशेषों का मिश्रण जो ढेर करके नम किए गए हों तथा जिनमें जैविक अपघटन की क्रिया होने दी गई हो। इसमें कभी–कभी खनिज उर्वरक भी डाले जाते हैं। मुख्यतः इसको अगर पादप–अवशेषों से तैयार किया जाता है तो इसे प्रायः कृत्रिम खाद या संश्लिष्ट खाद कहा जाता है। बैक्टीरिया व फफूंदी द्वारा सड़ाये हुए पौधों व उनके अवशेषों से प्राप्त विघटित पदार्थ को कम्पोस्ट कहते हैं और इसका रंग भूरा होता है। कम्पोस्ट बनाने की क्रिया को कम्पोस्टिंग कहते हैं।

सुपर कम्पोस्टः कम्पोस्ट में फॉस्फोरस की मात्रा बढ़ाने तथा लम्बे समय तक पौधों के लिए उपलब्ध रूप में बनाये रखने के उद्देश्य से कार्बनिक पदार्थों के साथ जिप्सम, रॉक फास्फेट या सिंगल सुपरफास्फेट मिलाकर तैयार की गई कम्पोस्ट सुपर कम्पोस्ट कहलाती है।

संरक्षित खेतीः संरक्षित खेती फसल उत्पादन की वह पद्धति है जिसके अंतर्गत संसाधन संरक्षण तकनीकों की सहायता से अधिकतम व टिकाऊ उत्पादन स्तर के साथ–साथ प्राकृतिक संसाधन व पर्यावरण संरक्षण को ध्यान में रखते हुए फसल उत्पादन किया जाता है। संरक्षित खेती भूमि के ऊपरी व निचली सतह के अंदर प्राकृतिक जैविक क्रियाओं को बढ़ावा देने पर आधारित है। यह खेती मुख्यतः तीन सिद्धान्तों– (1) न्यूनतम जुताई, (2) मृदा सतह पर फसल अवशेषों का स्थायी आवरण एवं (3) फसल चक्र विविधीकरण पर आधारित है।

फसल अवशेषः फसल काटने के पश्चात् खेत में फसल के पौधों के बचे हुए अवशेष फसल अवशेष कहलाता है।

संवर्धन (कल्चर)ः तैयार की गई खाद्य सामग्री या कृत्रिम रूप से सूक्ष्म जीवों को उगाना, इस प्रकार की खाद्य सामग्री पर कृत्रिम रूप से बनाए रखे गए सूक्ष्म जीवों की एक कॉलोनी होती है।

संवर्धन माध्यमः तैयार की हुई खाद्य सामग्री, जिस पर सूक्ष्म जीवों का संवर्धन किया जाता है।

गोबर की खादः यह खाद पशु–पक्षियों के ठोस तथा द्रव मल–मूत्र को किसी शोषण पदार्थों का बिछावन, पेड़–पौधों की पत्तियां, रेत व लकड़ी का बुरादा आदि से मिलाकर गड्डे में तैयार की जाती है।

उर्वरकः वह पदार्थ है, जो पौधों के लिए अनिवार्य पोषक तत्वों में से एक अथवा अधिक की आपूर्ति हेतु उपयोग किया जाता है। इनका व्यापारिक स्तर पर उत्पादन एवं क्रय–विक्रय होता है।

हरी खादः आवैच्छेदित अर्थात बिना गले–सड़े पौधों या इनके भागों को जब मृदा नाइट्रोजन या जीवांश की मात्रा बढ़ाने के लिए खेत में जोतकर दबा दिये जाने के उपरान्त जो खाद प्राप्त होती है, वह हरी खाद कहलाती है।

हरी खाद की फसलें: वे फसलें जिनको खेत में कुछ समय तक उगाने के बाद मिट्टी पलटने वाले हल की सहायता से जोतकर दबा दिया जाता है। जैसे सनई, ढ़ंचा, मूंग, उड़द, ग्वार आदि।

ह्यूमसः मृदा में पाए जाने वाले जन्तु तथा वनस्पति उद्भव के विघटित एवं अंशतः विघटित जैव पदार्थ। यह जैव पदार्थों की विघटन की अन्तिम अवस्था होती है इसके बाद कोई विघटन नहीं होता है।

स्वस्थाने (इनसिटू): जीवाश्मों / वनस्पति के लिए प्रयुक्त एक शब्द जो अन्यत्र परिवहित, निक्षेपित न होकर अपने मूल स्थान पर ही विद्यमान रहते हैं।

पात्रे (इनविट्रो): ऐसी जैव प्रतिक्रियाएं, जिन्हें जीव से पृथककरण में घटित होने दिया जाता है।

इनविट्रो वर्मीकम्पोस्टिंगः वर्मीकम्पोस्टिंग की यह पद्धत्ति बायोकन्वर्शन के रूप में जानी जाती है जिसके द्वारा मृदा में सूक्ष्म जीवों की संख्या में वृद्धि करना होता है।

पात्रे तकनीकः पौधों की कोशिकाओं व अंगों को पोश पदार्थ पर पात्रे संवर्धन की तकनीक।

प्रोम खादः प्रोम (फॉस्फोरस रिच आर्गेनिक मेन्योर) एक फॉस्फोरस युक्त जैविक खाद है जिसे उच्च श्रेणी के रॉक फॉस्फेट एवं कार्बनिक पदार्थों जैसे कि कृषि अपशिष्टों, गोबर, करंज की खली, प्रेसमड, फल उद्योगों से प्राप्त कचरा इत्यादि के सम्मिश्रण से तैयार किया जाता है। इसमें 15–18 प्रतिशत फॉस्फोरस, 15–16 प्रतिशत जैविक कार्बन, 4–5 प्रतिशत सल्फर, 15 प्रतिशत नमी एवं 20:1 कार्बन नाइट्रोजन का अनुपात होता है।

खादः वे पदार्थ जो भूमि में मिलाये जाने पर उनकी उर्वरा शक्ति को बढ़ाते हैं।

प्राकृतिक नियंत्रणः कीटों का प्राकृतिक शक्तियों, जैसे हवा, पानी, गर्मी, ठण्ड, कीट–भक्षी जन्तु तथा कीट रोगों द्वारा नियंत्रण करना ही प्राकृतिक नियंत्रण कहलाता है।

कार्बनिकः वे कार्बनिक द्रव्य जो पानी में घुलनशील नहीं होते हैं

कार्बनिक खादः जन्तुओं तथा वनस्पतियों से प्राप्त पदार्थों द्वारा तैयार की हुई खादें।

जैव पदार्थः कार्बन का रासायनिक यौगिक जो पौधों और जीवों के अवशेषों से मिलकर बनता है, उसे कार्बनिक या जैव पदार्थ कहा जाता है।

एन.पी.वी. (न्यूक्लियर पोलीहैड्रोसिस वायरस)ः न्यूक्लियर पोलीहैड्रोसिस वायरस एक प्रकार का विषाणु है जो कि जाति विशेष के हानिकारक कीटों का सफलतापूर्वक नियंत्रण करता है। ये पूर्णतया सुरक्षित जैविक कारक हैं जिसका वातावरण पर कोई दुष्प्रभाव नहीं होता है एवं अन्य परजीवी, परभक्षी, पक्षी एवं मानव जाति पर कोई विपरीत असर नहीं पड़ता। यह विषाणु मुख्यतया प्रोटीन के बने होते हैं जिनमें डी.एन.ए. की बनी संरचना होती है।

नील हरित शैवालः नील हरित काई प्रमुख रूप से कुछ ऐसे विशेष सूक्ष्म जीवाणुओं का समूह है जो वायुमण्डल में उपस्थित गैसीय नत्रजन तत्व को स्थिर व स्थापित करने की क्षमता रखता है। नील हरित काई का प्रयोग धान फसल में किया जाता है। कृषि में शैवाल खाद के लिये प्रयुक्त मुख्य जातियां ऑलोसिरा, टोलिपेथ्रिक्स, सायटोनिमा, नास्टॉक, एनाबिना इत्यादि हैं।

पराशर कृषिः मुनि ने मृदा प्रबंधन, बीज स्वास्थ्य, और फार्म से संबंधित अन्य कार्य जैसे : जल संग्रह व संरक्षण, पशुधन प्रबंधन, औजार रख–रखाव आदि को सम्मिलित करते हुए इनके प्रबंधन पर विशेष जोर दिया गया। कृषि पराशर में कृषि पर ग्रह नक्षत्रों का प्रभाव, मेघ और उसकी जातियाँ, वर्षामाप, वर्षा का अनुमान विभिन्न समयों की वर्षा का प्रभाव, कृषि की देखभाल, बैलों की सुरक्षा, गोपर्व, गोबर की खाद, हल जोताई बैलों के चुनाव, कटाई के समय, रोपण, धान्य संग्रह आदि विषयों पर विचार प्रस्तुत किए गए हैं।

कार्बनिक मृदाः ऐसी मृदा जिसके पूरे सोलम में कार्बनिक पदार्थों का प्रतिशत 20 प्रतिशत से अधिक होता है।

वर्मी कल्चरः केंचुओं का वैज्ञानिक तरीके से प्रजनन तथा पालकर उनकी संख्या में गुणन कराना वर्मी कल्चर कहलाता है।

वर्मीवाशः वर्मीवाश एक तरल जैविक खाद है जो कि ताजा वर्मीकम्पोस्ट व केंचुए के शरीर को धोकर तैयार की जाती है। वर्मीवाश के उपयोग से न केवल उत्तम गुणवत्ता–युक्त उपज प्राप्त कर सकते हैं, बल्कि इसे प्राकृतिक जैव कीटनाशक के रूप में भी प्रयोग किया जा सकता है। वर्मीवाश में घुलनशील नाइट्रोजन, फॉस्फोरस और पोटाश मुख्य पोषक तत्व होते हैं। इसके अलावा इसमें हार्मोन, अमीनो एसिड, विटामिन, एन्जाइम और सूक्ष्म जीव भी पाये जाते हैं।

वर्मी कम्पोस्टः केंचुओं की कास्टिंग उनके अवशेष, अण्डे, कोकून, लाभकारी सूक्ष्म जीवाणु, पोषक तत्व व अपचित जैविक पदार्थों का मिश्रण वर्मीकम्पोस्ट कहलाता है।

वर्मीकम्पोस्टिंग: एक जैव प्रक्रिया है जिसमें केंचुए कार्बनिक पदार्थों को पाचित एवं उत्सर्जित करके बारीक उत्पाद (वर्मीकास्ट) बनाते हैं।

यौगिक खेती: यह शुद्ध संकल्पों का प्रकृति पर पड़ने वाला प्रभाव है। पहले किसान को राजयोग का महत्व बताकर उसे योग सिखाया जाता है। किसान शुद्ध व सात्विकतापूर्वक श्रेष्ठ संकल्प से फसल को योग के वाइब्रेशन देता है। फसल आने तक यह प्रक्रिया कम से कम एक घंटे की जाती है।

❑❑❑

संदर्भ साहित्य

1. Ahlawat, I.P.S. and Sharma, R.P. 1996. *Agronomic Terminology*. Published by Indian Society of Agronomy, IARI, New Delhi.
2. अग्रवाल, बी.एल., सिंह, पी. एवं शर्मा, डी.डी. 2001. पब्लिकेशन्स सस्य विज्ञान के मूल तत्व।
3. चौहान, बी. एस., सोलंकी, एन. एस. एवं सामोता, एस.डी. 2017. पारम्परिक ज्ञान द्वारा वर्षा का पूर्वानुमान. राजस्थान खेती–प्रताप. **11**: 10–12.
4. दिनेश कुमार एवं पुन्ड़ीर, एम. 2016. जैविक खेती कृषि उत्पादकता एवं आय. खेती. **8**: 15–21.
5. Jothimani, S., Pandian, B.J. and Thiyagarajan, T.M. 2007. Nutrient use efficiency in crop plants. Agrobios News letter. **8**: 28-33.
6. जाट, एम. एल., पाल, एस. एस., सिंह, आर. एवं रानी, टी. 2004. फसल अवशेष प्रबंधन से मृदा उर्वरता में वृद्धि. कृषि विस्तार समीक्षा, जुलाई–अगस्त 2004: 13–17.
7. मीणा, बी. एस. एवं तोमर, एस. एस. 2004. ऊसर भूमि ऐसे सुधारें विश्व कृषि संचार, विश्व एग्रोमार्केटिंग एण्ड कम्यूनिकेशन, कोटा (राज.) **6**: 21–22.
8. मीणा, बी. एस. एवं तोमर , एस. एस. 2004. जैव उर्वरक से फसलों की उपज बढ़ायें। राजस्थान खेती प्रताप, उदयपुर. **7**: 1–3.
9. मीणा, बी. एस. एवं तोमर, एस. एस. 2004. रॉक फॉस्फेट कम्पोस्टिंग प्रचलित फॉस्फेटिक उर्वरकों का बेहतर विकल्प. विश्व कृषि संचार, कोटा. **12**: 15–22.
10. मीणा, बी. एस. एवं तोमर, एस. एस. 2005. टिकाऊ खेतो मे फसल अवशेष का महत्व. विश्व कृषि संचार, कोटा **2**: 17–18.
11. मीणा, बी. एस., ढाका, बी. एल. एवं पूनियां, एम. के. 2010. जैविक खेती प्रशिक्षण पुस्तिका, कृषि विज्ञान केन्द्र, बून्दी, महाराणा प्रताप कृषि एवं प्रौद्योगिकी विश्वविद्यालय, उदयपुर (राज.)।

12. मीणा, बी. एस., एवं बलदेव राम, 2017. जैविक खेती परियोजना, राष्ट्रीय कृषि विकास योजना, कृषि अनुसंधान केन्द्र, कृषि विश्वविद्यालय, कोटा (राज.)।

13. नरेन्द्र प्रसाद एवं साहू, डी. एस. 2004. किसान जाने : नाडेप कम्पोस्ट. कृषि विस्तार समीक्षा. **4**: 5–8.

14. प्रसार बुलेटिन. 2004. वर्मीकम्पोस्ट : क्यों व कैसे, कृषि विज्ञान केन्द्र, कोटा, महाराणा प्रताप कृषि एवं प्रौद्योगिक विश्वविद्यालय, उदयपुर (राज.)।

15. प्रसाद, एल.के. 2005. पर्यावरण सौम्य वर्मीटेक्नोलोजी। विज्ञान प्रगति **6**: 9–13।

16. प्रसार बुलेटिन. 2008.जैविक खेती मार्गदर्शिका. कृषि विभाग, राजस्थान, जयपुर।

17. Reddy, T.Y. and Reddi, G.H.S. 1997. *Principles of Agronomy*. Kalyani Publishers, New Delhi.

18. Reddy, S.R. 2001. *Principles of Agronomy*. Kalyani Publishers, Ludhiana, India.

19. राठौड़, एन. एस., शर्मा, दीपक एवं खण्डेलवाल, एस. के. 2001. बायोगैस एकः लाभ अनेक, राष्ट्रीय बायोगैस विकास परियोजना, संचार केन्द्र प्रसार शिक्षा निदेशालय, महाराणा प्रताप कृषि एवं प्रौद्योगिकी विष्वविद्यालय, उदयपुर (राज.)।

20. राठौर, ए. के., सूर्यवंशी, टी. एवं शर्मा, ए. 2016. संरक्षित खेती–फसल उत्पादन की उन्नत विधि. खेती. **8**: 4–8.

21. Singh, S.D. 2004. Bio-fertilizers: A good source of nutrients. Agrobios News Letter. **2**: 12-13.

22. शर्मा, एस. के. एवं मीणा, आर. एच. 2017. जैविक खेती परियोजना, राष्ट्रीय कृषि विकास योजना, कृषि अनुसंधान केन्द्र, महाराणा प्रताप कृषि एवं प्रौद्योगिकी विश्वविद्यालय, उदयपुर (राज.)।

23. Tilak, K.V.B.R. 1998. *Bacterial Fertilizers*. Published by Publications and Information, ICAR, KAB, New Delhi.

24. वर्मा, एस. आर., यादव, एस. के. एवं शर्मा, एम. 2017. वर्मीवाशः फसल वृद्धि के लिए जैविक टॉनिक. राजस्थान खेती–प्रताप. **11**: 19–20.

25. Yawalkar, K.S., Agarwal, J.P. and Bokdes. 1972. *Manures and Fertilizers*. Published by M/s. Kapoor Art Press, New Delhi.

❑❑❑

